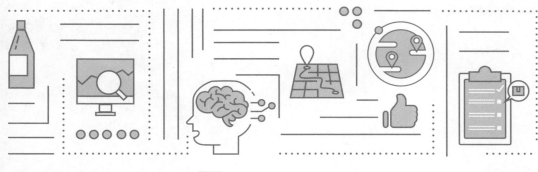

Python AI

·机器学习·深度学习

马上就能实践的人工智能应用！

[日]鲸飞行机　　[日]杉山阳一　　[日]远藤俊辅 著

王非池 译

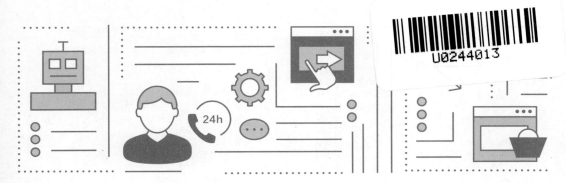

中国青年出版社

图书在版编目（CIP）数据

Python AI·机器学习·深度学习: 马上就能实践的人工智能应用! /
（日）鲸飞行机，（日）杉山阳一，（日）远藤俊辅著; 王非池译. -- 北
京: 中国青年出版社, 2022.9
ISBN 978-7-5153-6693-7

I.①P… II.①鲸… ②杉… ③远… ④王… III.①人工智能—通俗
读物 IV.①TP18-49

中国版本图书馆CIP数据核字（2022）第107832号

版权登记号: 01-2020-3240

SUGUNI TSUKAERU! GYOMUDE JISSEN DEKIRU! PYTHON
NI YORU AI·KIKAIGAKUSHU·SHINSOGAKUSHU APPLI NO
TSUKURIKATA
Copyright © 2018 Kujira Hikozukue, Yoichi Sugiyama, Shunsuke
Endo
Chinese translation rights in simplified characters arranged with
Socym Co., Ltd.
through Japan UNI Agency, Inc., Tokyo

主　　编: 张鹏
策划编辑: 田影
责任编辑: 丁肇锋
封面设计: 乌兰

Python AI·机器学习·深度学习:
马上就能实践的人工智能应用!

著　者: [日]鲸飞行机　[日]杉山阳一　[日]远藤俊辅
译　者: 王非池

出版发行: 中国青年出版社
地　　址: 北京市东城区东四十二条21号
网　　址: www.cyp.com.cn
电　　话: （010）59231565
传　　真: （010）59231381
企　　划: 北京中青雄狮数码传媒科技有限公司
印　　刷: 天津旭非印刷有限公司
开　　本: 710 x 1000　1/16
印　　张: 20.75
字　　数: 288千字
版　　次: 2022年9月北京第1版
印　　次: 2022年9月第1次印刷
书　　号: ISBN 978-7-5153-6693-7
定　　价: 188.00元

本书如有印装质量等问题, 请与本社联系　电话: （010）59231565
读者来信: reader@cypmedia.com　　投稿邮箱: author@cypmedia.com
如有其他问题请访问我们的网站: http://www.cypmedia.com

序言

本书侧重于将机器学习运用在实际工作中，是注重实用性的指导书。

现如今已然迎来了第三次人工智能热潮，"机器学习""人工智能"和"深度学习"等词汇随处可见，但信息流转之间，被人们记住的通常只有"用了这个就会变得很厉害"这么一个认知而已。

毫无疑问，如果能恰如其分地运用深度学习技术，工作效率会得到一定的提升。

简单举几个例子，比如面包店即使无人看管，熟练的员工通过网络摄像头也能进行结账，或者根据外形判断水果蔬菜的等级，又或者凭借照片来推算菜肴中所含的卡路里……可以说"只要创意足够大"，技术就能运用到各个领域中。

然而，即使想要运用到工作中，实际开始动手时，很多人会感觉"过于困难，不知如何下手"。毕竟从基础部分开始学习的话，无论是神经网络或深度学习，都需要有足够的数学知识作为根基，并不是人人都能简单做到的事情。

因而本书以"工作效率化"为目标，帮助读者轻松掌握机器学习的实用技巧。

无需担心理论基础的艰深或数学知识的匮乏，如今已有大量关于机器学习（深度学习）的程序库可以使用，即使不理解其详细的基础原理，也可以尝试运用机器学习。

正所谓"熟能生巧"，本书列举了各式各样的例题，借助机器学习相关的程序库，解决问题并从中学习。本书包含从气象数据的解析、文字的识别、文章的分析，到图像与视频的辨识等众多能够实际运用的例题，其解决方法及运用方式均有介绍。

本书旨在帮助大家建立起对于机器学习和深度学习的兴趣，并获得能在实际工作中运用的能力。

让我们一起打开前往机器学习的门扉吧！

阅读指引

本书列举了各类问题作为引导，所以基本可以从任意章节开始阅读。

第2章到第4章是"机器学习的基础"部分，第5章以后开始说明如何运用之前所学内容，并进一步说明如何导入深度学习，从而达到提高精度的目的。

对于初次接触机器学习的读者来说，完全掌握第2章的内容，更利于之后章节的学习。在第2章中用到的Colaboratory，是一个免安装的网络页面开发环境，可以省去大量软件安装的烦琐过程，从而可以轻松接触到机器学习最为基础的内容。

在此之前，先简略地介绍一下各章内容。

首先是第1章，机器学习及深度学习入门，包含Colaboratory与Jupyter Notebook的使用方法，它们对于机器学习而言是不可或缺的工具。第2章是机器学习的实践部分。第3章将学习如何处理图像与视频。第4章则是关于自然语言处理的基础介绍，特别是有关中文的处理方法。第5章介绍的是深度学习以及高级程序库TensorFlow的使用。第6章是应用篇，主要说明第2章和第3章的内容如何在TensorFlow中编写，以及在实际工作、生活中如何应用，帮助读者进行理解。

适用人群

● 想了解AI、机器学习、深度学习的人。

● 想要将机器学习运用于工作中的人。

● 想要掌握编程语言Python基础语法的人。

使用帮助

本书包含实例的源代码，因篇幅限制可能部分实例的源代码没有全部展示，读者可从本书指示的网站上下载，实例源代码的说明如下。

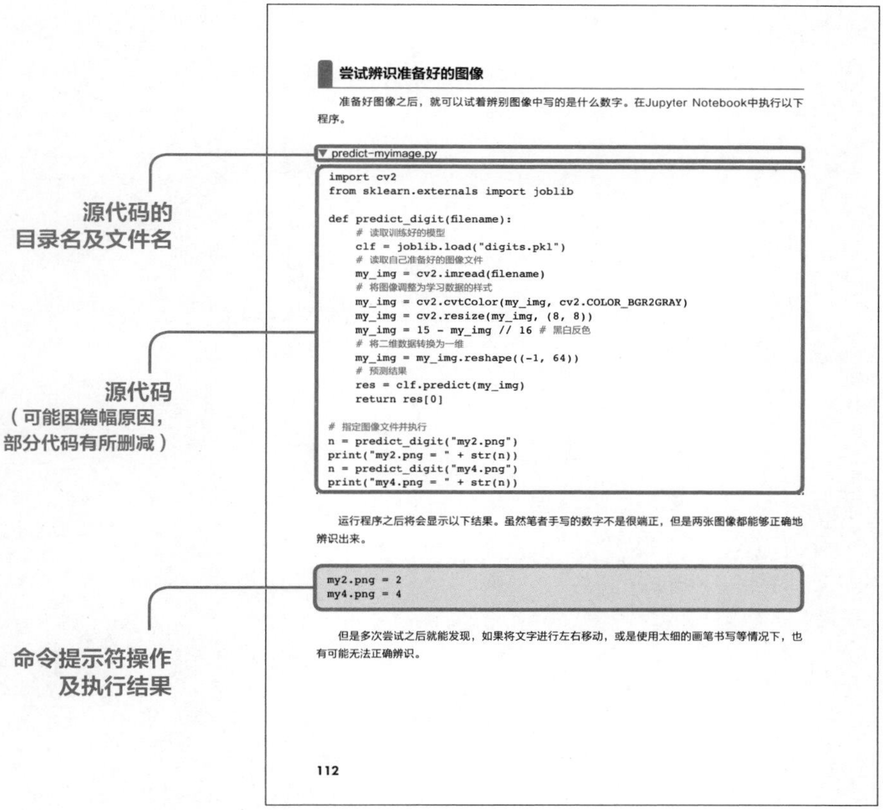
源代码的
目录名及文件名
源代码
（可能因篇幅原因，
部分代码有所删减）
命令提示符操作
及执行结果
尝试辨识准备好的图像
准备好图像之后，就可以试着辨别图像中写的是什么数字。在Jupyter Notebook中执行以下程序。
▼ predict-myimage.py
import cv2
from sklearn.externals import joblib
def predict_digit(filename):
# 读取训练好的模型
clf = joblib.load("digits.pkl")
# 读取自己准备好的图像文件
my_img = cv2.imread(filename)
# 将图像调整为学习数据的样式
my_img = cv2.cvtColor(my_img, cv2.COLOR_BGR2GRAY)
my_img = cv2.resize(my_img, (8, 8))
my_img = 15 - my_img // 16 # 黑白反色
# 将二维数据转换为一维
my_img = my_img.reshape((-1, 64))
# 预测结果
res = clf.predict(my_img)
return res[0]
# 指定图像文件并执行
n = predict_digit("my2.png")
print("my2.png = " + str(n))
n = predict_digit("my4.png")
print("my4.png = " + str(n))
运行程序之后将会显示以下结果。虽然笔者手写的数字不是很端正，但是两张图像都能够正确地辨识出来。
my2.png = 2
my4.png = 4
但是多次尝试之后就能发现，如果将文字进行左右移动，或是使用太细的画笔书写等情况下，也有可能无法正确辨识。
112

目录

第 2 章　机器学习入门

第 5 章　深度学习（Deep Learning）

附录

第 1 章

机器学习 / 深度学习

　　本章对机器学习进行了初步的介绍：何谓机器学习？机器学习是如何构成，又是如何实现的？另外，对本书中使用到的Jupyter Notebook等工具，以及一些基本命令提示符操作的应用进行了详细的说明。

1-1

何谓机器学习？

关于机器学习是什么，它是如何实现的，又是如何运作的，本节将介绍相关基础内容。

相关技术（关键词）	应用场景
● 机器学习 ● 人工智能（AI） ● 神经网络 ● 深度学习（Deep Learning）	● 了解机器学习的应用范围

机器学习是什么？

"机器学习（Machine Learning）"究竟是什么？一言以蔽之，它是一种让计算机也能获得与人类相同学习能力的技术，是人工智能众多研究课题之一。而"人工智能（AI）"，正如字面意思，是将人类的智慧赋予计算机的一种技术。

人类会学习各种事物，无论是看、听或触碰，总在通过五官来感受并认知这个世界。例如面对苹果或柑橘，可以经过观察、触摸或是品尝味道，来辨别其种类。对人类而言，这就是在与苹果、柑橘接触后，从经验中自然获得的辨别能力。

但是计算机并不具备这种辨别能力，那要如何识别苹果与柑橘呢？在本例中，将使用电子相机所拍摄的图片，作为计算机进行识别的媒介。

如果是一般的辨别程序，会根据图片中像素点颜色的统计数量来识别，红色居多为"苹果"，橙色居多则为"柑橘"。具体而言，是根据人工设置的规则进行判定，例如红色像素超过四成为苹果，橙色像素超过四成即为柑橘。

与通常情况有所不同的是，使用"机器学习"进行辨别时，不会设置明确的识别规则。换言之，并不需要提供苹果是红色而柑橘是橙色的知识。在机器学习中，先准备大量苹果与柑橘的图片，将其输入到识别器程序中，识别器将自行学习，获得苹果红色像素居多而柑橘是橙色像素居多的知识。

换言之，机器学习会从事先准备的大量数据资料中提取特征，然后依据特征来辨别新的事物。

▲ 机器学习的流程

机器学习能做什么？

机器学习的能力范围包含以下各项：

- **分类（classification）：将给予的数据资料进行分类。**
- **回归（regression）：根据过去的成果预测未来的数值。**
- **聚类（clustering）：将相似的数据资料分类成集合。**
- **推荐（recommendation）：推导数据资料的相关信息。**
- **降维（dimensionality reduction）：缩减数据资料仅留下特征。**

下面将依次进行说明。

"分类"，正如字面意思，是分辨所属类别的算法。以前例来说，识别到数据特征后，就能分辨到底属于苹果还是柑橘。

"回归"是指学习过去的数据后，进而预测后续数值的算法。比如，根据过去的股价预测未来的股市涨幅，或是学习过去气象记录后预测未来的天气与气温。"回归"算法能够运用于市场预测、需求预测等各类场景中。

"聚类"指在众多的数据中寻找相似点，从而划分成不同的集合。与"分类"有相似之处却又不尽相同。分类是根据开始就决定好的分组进行区分，而聚类则没有初始分组，是根据数据的相似程度进行划分。

"推荐"指的是根据已有数据，推荐其他内容的算法。网络购物中，根据用户的喜好推荐商品时常使用该算法。

"降维"，即降低数据维度的算法。实际工作中使用的数据含有各种信息的情况时有发生，处理这些高维度数据非常困难。但只要能够获得数据中所包含的特征，进而降低维度，就能更加有效地分析数据。例如，分析食物所包含成分的数据时，从物理意义上来说无法绘制成二维图表，但是通过降维，在重新提取数据特征后，就能够绘制成图表。

机器学习能运用在何处？

从实际情况来看，机器学习可以应用在以下三大方面：

● **图像解析：识别图像中的物体。**
● **声音解析：将声音转化为文字、分辨声音。**
● **文本解析：分辨文章体裁、提取特定表达或分析文章结构。**

图像解析是指对图像或视频数据进行分析学习。它能够辨别图像中的事物，识别人物的面部，或是辨识图像中的文字。

声音解析可以区别狗、猫的叫声，或是分辨男女性声音等。最近的机器学习经过训练后，还能将声音转换为文字。智能手机上的语音识别功能已经具备相当高的实用性，Google Home与Amazon Echo对这项技术的应用也引发了话题热潮。

文本解析可以根据文章的内容划分体裁、分析结构。它还可以完成垃圾邮件过滤、博客文章自动分类任务。另外，在文本分析、自动翻译等领域也多有运用。

深度学习（Deep Learning）是什么？

现如今，第三次AI热潮已然到来，人工智能在各个领域都得到了不同程度的运用，而引发这场AI热潮的导火索正是深度学习（Deep Learning）。最初是在图像识别领域，深度学习获得了巨大的成就，进而蔓延到语音识别等各个领域。

究其根本，深度学习来源于"人工神经网络"的研究。模仿人脑神经元网络所搭建的运算模型称为神经网络，而深度学习则是将多层神经网络组合起来形成的，具体的内容会在第5章介绍。

机器学习实用化的理由

现今，已有充足的条件将机器学习实用化。其一是因特网的普及，使得人们可以轻松获得大量的数据，而网络上公开的各式各样的数据，多到无法想象，只要下载下来就可以应用到机器学习之中。

第二个理由，则是电子计算机的高性能化。即使获得了大量的数据，若没有能够进行处理的机器，就只能瞪着眼干着急。而如今能够处理海量数据的高性能计算机——对于深度学习而言是不可或缺的部分，在不久之前却还并不存在。可以说，正是高性能计算机的出现，为第三次AI热潮的到来奠定了基石。

机器学习是如何运作的?

　　当然，机器学习并非无所不能的魔法箱子，不会像神灯那样能够实现任何愿望。除了要对输入的数据进行预处理，还要经过计算处理，才能够得到相应的学习成果。

　　下面就让我们在解开简单分类问题的同时，初步了解机器学习的运作方式，揭开它的神秘面纱吧。

　　假设有两种食物，分别用●和▲来代表其成分数据，并使用散点图进行绘制。根据成分的不同，可以很明确地分成两类，如下图所示。那么有一天，助手S从一个随机的箱子中取出某样食物，却不知道是●或▲中的哪一种，这里自然就需要进行鉴别分类。调查过成分后，得知其在散点图中★的位置，那么该食物到底是属于●与▲中的哪一种?

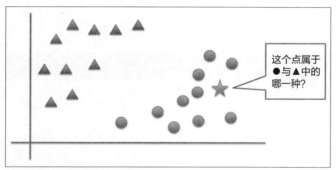

▲ ●与▲两种成分数据的散点图

　　一眼看过去，就能够判断★与●是同一种食物，因为图中★的位置明显更加靠近●一侧，但这是通过人的眼睛观察所得的结果。

　　那么要如何通过程序处理这个问题呢? 要像程序一样进行机械式地判断，就需要在●与▲之间画一条分界线，之后就可以通过判断★属于线的上方还是下方，来很简单地得到答案。

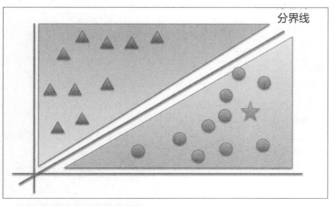

▲ 画出分界线即可机械地判断

现在，试着写一个简略的Python程序来判断食物种类吧。先假定分界线为y=1.3x，通过下面的代码就能够完成分辨操作。

```
def check_food(x, y):
    threshold = 1.3 * x  # 对应x轴分界线的位置
    if y >= threshold:  # 分界线及其以上
        print("这属于▲")
    else:  # 分界线以下
        print("这属于●")
```

要想画出这条分界线，机器学习会通过各种方法来确定这条分界线的位置。机器学习当然不会仅解决上述这种简单的问题，也会解决更加复杂的问题，甚至在学习过大量数据后，可以做出类似变换分界线角度与位置的调整。

机器学习的种类

"机器学习"大体上来说，可以分为"有监督学习""无监督学习"和"强化学习"。

● **有监督学习**
  · **给予了学习数据以及正确答案**
  · **对未知数据进行预测**

● **无监督学习**
  · **没有给予正确答案**
  · **从未知数据中发现规律性**

● **强化学习**
  · **根据行动给予了部分的正确答案**
  · **寻找数据中的最优解**

首先是关于"有监督学习（Supervised Learning）"，它会根据准备好的数据——类似于事先从老师那里拿到例题进行学习。一般来说，会在给予数据时，将需要划分的类型标签与数据打包成套输入。

前文提到的苹果与柑橘分类问题，就是一个很好的有监督学习实例。苹果与柑橘的图像即是学习资料，在交给分类器之前，还会说明图像分别是什么内容，然后进行学习、构建模型，最后通过模型就可以对未知数据进行结果预测。

其次是与有监督学习相对的"无监督学习（Unsupervised Learning）"，最大的区别在于并没有事先决定好"应该输出的内容"，而是提取出隐藏在数据中的本质结构。换言之，没有来自数据以外的分类基准，完全是根据数据本身自动进行分类，例如前文中介绍的聚类就属于无监督学习的一种。另外常见的无监督学习有聚类分析（Cluster Analysis）、主成分分析（Principal Component Analysis，PCA）、向量量化（Vector Quantization，VQ）、自组织特征映射（Self-Organizing Feature Mapping，SOM/SOFM）等。

最后，关于"强化学习（Reinforcement Learning）"，是指根据当前观察到的状态，再决定之后应该如何行动的算法。与有监督学习相似，会有老师给予提示，但是却没有从老师那里获得完整的答案。强化学习中存在智能体（Agent）与环境，智能体即行动主体，环境则是当前的状况或状态。智能体在观察过环境之后，再决定如何行动；接着环境发生变化，智能体会获得某种报酬，最后获得的报酬越多，表示学到的成果就越优秀。

我们用猫咪吃猫粮的过程来举例吧。在例子中，智能体当然就是猫咪，而环境则设定为自动猫粮投喂机。猫咪发现机器里面有好吃的猫粮，但仅仅是站在机器边上，只能闻到猫粮散发的香味而已。于是猫咪开始绕着机器来回转，用身体蹭着机器，不经意之间，蹭到了机器上的按钮，少量的猫粮就从机器里掉了出来。如此一来，猫咪就因为触碰机器而获得了报酬——好吃的猫粮。接着，猫咪持续不断地用身体蹭着机器，发现只要碰到红色按钮就会出现猫粮。最终猫咪掌握了窍门，只用鼻子轻轻触碰红色按钮就吃到了猫粮。所以之后只要猫咪肚子饿了，随时都能吃到美味的猫粮。猫咪经过这一系列的行为，学会了最好的行动方式，而在计算机上实现这种学习行为，就是强化学习。

总　结

➔ 机器学习能够应用各种各样的数据。

➔ 机器学习能够做到分类、回归、聚类、推荐与降维。

➔ 机器学习可以处理图像、声音与文本等各类数据。

➔ 机器学习并非魔法箱子，经由计算才能推导出结果。

1-2

机器学习是按照什么顺序运作的?

在实践机器学习时,需要遵照什么步骤呢?本节将说明机器学习中必要的基本流程。

相关技术(关键词)		应用场景
●机器学习		●机器学习的准备阶段

机器学习的流程

想在工作中运用机器学习时,按照什么顺序去做才好呢?就一般程序来说,会按照决定目的(制作设计说明书)、编码、测试、发布的基本流程进行制作。同样,在制作机器学习的程序时同样有一个基本流程,本节将对此进行说明。

机器学习的基本步骤

首先确认一下机器学习的基本步骤吧。

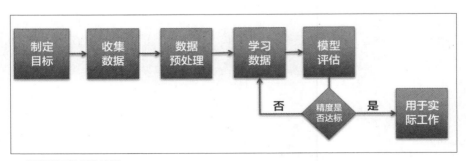

▲ 机器学习的制作流程

将上图顺序分项列出如下所示。

（1）制定目标
（2）收集数据
（3）数据预处理
（4）学习数据
　・**（4-1）选择机器学习的方法**
　・**（4-2）调整参数**
　・**（4-3）学习数据构建模型**
（5）模型评估
（6）精度未达标则返回执行步骤（4）
（7）用于实际工作

让我们逐项仔细说明吧。步骤（1）是制定机器学习的目标，这是最重要的一步。若是制作目的不明确，那么该如何收集数据、如何对数据预处理、如何进行学习及构建模型都将无法确定。没有目的和设计书的程序开发，一不小心就会触礁沉船，而没有制定目标的机器学习，同样难以成功。

步骤（2）则是收集机器学习所需的数据。这是非常辛苦的步骤，资料必须准备到一定数量以上才足够。这是因为资料准备不充足，将无法对未知数据做出正确的判断。那么具体而言，该如何收集数据呢？首先需要探讨的是，为了达成步骤（1）中制定的目标，需要获取什么样的数据。其次，需要考虑使用什么方法收集数据，是直接使用现有业务数据（比如存储在数据库中的资料），还是重新收集数据。最后，则是根据制定好的方法着手实际进行数据收集。

步骤（3）是对收集到的数据进行预处理，又称作"特征抽取"。预处理的好坏，将直接影响到最后模型的生成，因此需要谨慎仔细地处理。当然，也存在将收集到的数据直接拿来使用的情况，但大多数情况下，需要先将数据中包含的特征抽取出来。这时候就需要考虑输入怎样的数据更为合适，换句话说，必须考虑使用何种方法抽取数据中的特征。另外，有时候也需要配合学习器对于数据的需求（如特定的数组）进行预处理。

步骤（4）则是开始学习数据。首先以（4-1）为依据，需要指定一个用于学习的方法（即算法）。话虽如此，实际上并不会仅仅只进行一次选择，通常会从复数算法中挑选最为合适的算法进行使用。然后（4-2）是根据数据选择合适的参数。最后是（4-3），给予数据进行学习，并构建出模型。

步骤（5）中会准备测试所用的数据，用于检验模型的精度是否符合预期。之后参考步骤（6），未取得预期结果则需要重回到步骤（4），调整方法或参数等，再次进行学习。

总　结

 开始机器学习之前，需事先考虑将机器学习导入实际工作中的流程。

开始 收集数据→预处理→学习→评估，此为机器学习的基本步骤。

1-3

机器学习所用数据的制作方法

什么样的数据能够为机器学习所用呢？从结论上来说，只要是能够在计算机中使用的数据，都能够用于机器学习。本节主要介绍，机器学习所需数据从何处可以获得，又该以何种形式保存更合适。

相关技术（关键词）	应用场景
● 数据源	● 机器学习所需数据该如何获取
● 数据格式	● 收集到的数据该如何预处理
● 标准化	

使用机器学习的目的是什么？

不仅是机器学习系统，在制作任意系统时，都需要在脑中考虑一个问题：为什么要制作这个系统？最终目的在开始动手前是必须要考虑清楚的。想清楚这个问题之后，才能开始思考如何将机器学习融入系统中，千万注意不要本末倒置，把"使用机器学习"当成目的而忘记原本的目标。正如本书第1章开头所说，在解决问题时，机器学习无疑是非常强大的助力，但它并非无所不能。

如何收集数据？

虽说具体问题要具体分析，但是对于机器学习来说，这都要建立在准备好充足的数据基础之上。那么该如何获取机器学习所需的数据呢？如果公司内就有足够多的数据，直接拿来使用即可，或者也可以从网络上下载数据使用。

比如在搜索引擎中进行搜索，然后从各个网站中获取所需数据。（当然，下载前请注意是否为公开免费使用的数据，遵守网站的相关规定也是非常必要的……）

最近由政府或志愿者主导，许多珍贵的统计资料都作为开放数据公布到网络中，这些均可拿来使用。顺带一提，"开放数据"是指，不再受著作权或专利等限制，可以自由使用转载的数据。另外，本书对如何从气象厅（日本气象厅）获取气象数据的方法进行了介绍，大家可以翻阅参考。

本段下方记载了一些有关网络数据来源的参考意见，大家可以尝试从中寻找有用的内容。虽然有部分来源不得不使用网络爬虫（Crawler）强行从网页中提取数据，但是本书介绍的Web Service多数都提供了Web API，并且数据库也对开发者开放。由于使用爬虫过于烦琐，先确认是否有可供使用的Web API更为妥当。

有关数据获取源的参考意见

- **SNS与博客：流行情报来源。**
- **网店里的商品信息：Amazon、乐天（日本乐天市场Rakuten）等。**
- **金融情报：外汇、股票、黄金的行情。**
- **开放数据：人口和消费等各类统计、气象数据。**
- **公有领域（Public Domain）资料：青空文库、无著作权的书和漫画等。**
- **图像、视频、声音数据：各类分享网站。**
- **辞典资料：维基百科（Wikipedia）等。**
- **机器学习所用的数据集。**

收集到的数据以何种形式保存？

从网络获取的数据该以何种形式保存更好？虽然与获取到的数据类型有关，但使用通用的数据格式进行保存，数据的后续使用会更加便利。

在本书中，机器学习进行各种数据集学习训练时，使用的是Python语言，因而最好选择一种便于Python进行读写的数据格式。而下文中提到的通用数据格式，都能够轻松在Python中使用。

例如逗号分隔值（字符分隔值）数据CSV格式，结构化数据JSON、XML、YAML等多种数据格式均可用于数据保存。为了使准备数据工作更加顺利，最好对以上数据格式都有所了解。

机器学习可用的通用数据格式

- **逗号分隔值数据CSV格式**
- **INI文件格式**
- **XML**
- **JSON（以JavaScript对象为原型设计的结构化数据）**
- **YAML**

其他实用的保存形式

前文中所介绍的均为基于文本的通用数据格式，而单个数据文件所能保存的容量是有限的，如果想要使用更大规模的数据集，将数据保存在数据库中会更方便。一般数据库（可以通过MySQL/PostgreSQL/SQLite/SQLServer/Oracle/ODBC进行操作的数据库）都可以通过Python进行操作。

另外，若愿意牺牲部分通用性，选择尽可能便于Python进行操作的存储方式，可以使用pickle模块将Python对象原原本本地保存至文件当中，或是使用科学计算模块NumPy的保存格式（后缀名.npy）进行保存。

前文提到的种种保存形式，不仅支持多种平台，还能够轻松地进行读写操作。对于各类数据库以及Python来说，都是十分实用的保存方法。

机器学习输入数据相关

那么保存完毕的数据，要如何为机器学习所用呢？当然，这不仅仅取决于使用何种工具，也会因机器学习使用的方法而有所区别。但暂且先以有监督学习中的简单分类问题作为例子吧。（具体的方法，将在第2章之后进行详细的说明）

在本例中，数据本身会保存在数组（实数数组）中，再加上表示这是什么数据的标签（数值），一起成对保存在一个集合（Set）中，成百上千个集合放到一起便组成了机器学习用的数据。

总而言之，获得结构化的数据之后，需要先进行结构解析，然后提取出机器学习中需要的数据，最后按照前文中说的格式重新整理后，才能为机器学习所用。

所以即使从网上下载到了数据，未经过处理的文本或图像，不经过加工就无法为机器学习所用。分析数据的结构，将需要的数据提取出来，这个过程是必不可少的。

在这之后，可以直接将所有数据都给予机器学习。但有些时候，也需要人工判断哪些数据是有意义的。

备忘录

关于"维数灾难"

如果把能够使用的数据，一股脑儿全都加到学习数据中，将使其无法发挥出原本的性能。拥有的特征量（维数）过多，机器学习模型就会难以进行高效分类（或是回归），这被称为"维数灾难"。

以一个简单的例子来说明吧。想在拉面店里点一份喜欢的拉面时，只有汤的味道作为特征量，就只需要从"味增拉面""酱油拉面""猪骨拉面"这3种选项中进行选择。但是，将面的软硬（软、适中、硬）作为特征量加入后，就有3×3 = 9种选择。接着把用油量（少油、适中、多油）作为特征量加入后，就是3×3×3 = 27种，再把用蒜量（不放、少放、适中、多放）作为特征量加入后，就变成3×3×3×4 = 108种。再进一步，加入鸡蛋和干笋的特征量之后，组合数量将呈指数式增长。此时想要把所有的选项都指定一次，是近乎不可能完成的任务，对于机器学习来说，也是一样的困难。所以，需要减少不必要的特征量，才能发挥出更好的性能。

数据的标准化相关

　　将数据投入机器学习的系统之前，需要先将数据标准化。所谓"标准化（normalization）"，指的是依照一定规则，将数据变形为更加易于使用的形式。

　　例如，取得数据的最小值与最大值，以0作为数据的中心点，将数据转换至-1.0到1.0的范围之内，需要用到以下计算公式：

$$x_{norm}^{(i)} = \frac{x^{(i)} - x_{min}}{x_{max} - x_{min}}$$

　　虽然公式看起来很复杂，但在第2章中，将会利用scikit-learn自动进行标准化的操作，并不需要一直使用公式手动计算。虽然有工具帮忙自动标准化，并不需要特别注意，但是作为流程中的一环，最好还是记住，将数据给予机器学习之前需要对其进行标准化。

总　结

➜ 在网络上有各种公开数据，可用于机器学习。

➜ 将下载获得的数据保存为通用的数据格式。

➜ 在机器学习使用数据之前，需要先将必需的部分提炼出来。

专栏

关于过拟合

　　过拟合（overfitting）是指在机器学习的过程中，因为学习得太多，反而无法正确解答没有学过的题目这一现象。学习过头无法正确作答是什么情况呢？

　　机器学习系统在进行数据学习的时候，可以获得非常高的精度。但是在尝试未曾学习过的新数据时，却变得毫无用处，让人非常失望，这就是"过拟合"。

　　引发过拟合的原因是过度专精于学习数据，以至于其他的数据都无法正确解答。或者说，学习过度使得判断标准太过严格的缘故，与样本稍微所有不同就会给出错误的答案。因而，过拟合也被称作"过度适合"。

这种情况可以说是已落入机器学习的陷阱之中。以考试复习为例，类似于押宝赌题，只会解答特定的题目。如果刚好在准备的范围内，就能得到很好的成绩；一旦没有押中，结果就会非常糟糕。

　　为了防止过拟合，就要避免过于片面地学习。换言之，不要依靠猜题，保持良好的平衡才能获得更好的成绩。所以，在结果精度不够的时候，需要确认学习的数据是否足够，以及是否过于片面。另外，有时候对于当前数据量来说，题目可能过于复杂。这时，要么增加学习数据的数量，要么改变算法，要么重新设计机器学习的方法。

1-4

机器学习的开发工具

在实际进行机器学习的程序开发时，有哪些工具可以使用呢？本节将对 Colaboratory、Deepnote和Jupyter Notebook等工具的特点进行分析，帮助大家按照实际需要选取合适的开发工具。

相关技术（关键词）	应用场景
● Colaboratory	● 了解机器学习的开发工具
● Deepnote	● 开发工具进行机器学习的情况
● Jupyter Notebook	

Google Colaboratory

Colaboratory简称Colab，是由Google Research团队开发的一款用于机器学习和研究的工具，使用的是Google的云端GPU。任何人都可以通过浏览器编写和执行Python代码，用户不需要在计算机中进行安装，也不需要额外进行设置就可以直接使用该工具。另外，Colaboratory还能脱离PC，在iPhone、iPad或Android设备中进行机器学习。

▲ 访问Colaboratory

Colaboratory的优点

使用Colaboratory无需安装Python的环境，自带整套机器学习常用的库，还可以按照需求添加任意Python库或Linux指令。这是因为Colaboratory提供的Python和机器学习的引擎都是运行在Google搭建的服务器上的。服务器使用的操作系统是Ubuntu（Linux），因此只要是能够在Ubuntu上运行的库或工具，就可以自由地安装。

Colaboratory的运作方式简单来说就是把计算都放在服务器上进行操作，仅将结果返回给浏览器进行显示。即使自己的机器速度很慢，也可以使用Colaboratory轻松地进行机器学习。Colaboratory不仅完全免费，还擅长机器学习领域，无论用户的机器速度如何，都可以进行机器学习。因为运行Colaboratory的机器（虚拟机）可以使用Linux命令查询设备状态。

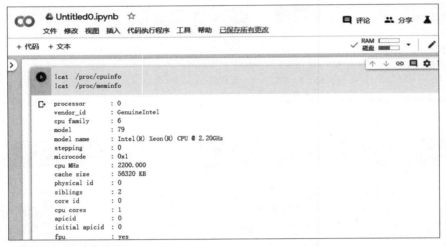

▲ 输出CPU及内存信息

Colaboratory的限制

免费的同时就会有所限制。使用Colaboratory运行程序输出的结果是保存在Google Drive上的，如果一段时间不进行操作，数据就会被初始化，包括下载的数据、安装的库和工具。因此，在长时间运行程序时，需要保持计算机不进入休眠状态，并且要经常切换页面进行激活。不过运行中的虚拟机也是有最长有效期的，超时后也会进行初始化。在执笔原稿时，最长有效期已经长达12个小时。使用Colaboratory需要有Google账号，如果没有的话，则需要注册，登录Google账号之后才可以使用。

Deepnote

Deepnote是一种在浏览器中运行的协作开发工具，基于浏览器构建，我们可以在不同的平台（Windows、macOS、Linux等）上使用它。而且它界面美观，操作简单，还是免费的云端GPU，比较符合主流年轻程序员的审美。

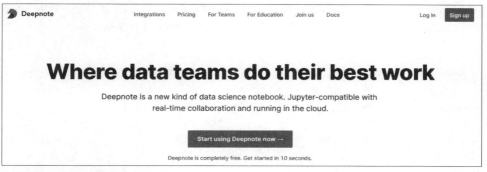

▲ Deepnote的官方网站

团队协作

Deepnote可以让用户轻松实现与同事、朋友一起实时进行数据科学项目，帮助用户更快速地将想法和分析转换为产品。也就是说，当一个团队在开发项目时，如果团队成员有了好的点子，可以实时修改代码，并且团队中的其他人可以同步看到代码的运行状态。这样可以让大家更快速地分享，实现在计算环境中无缝合作。

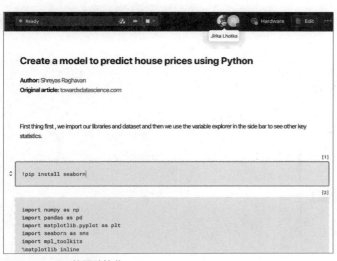

▲ Deepnote的团队协作

Deepnote还提供了不同的权限等级，包括查看、执行、编辑、管理等。当一个团队与其他团队合作时，如果需要将数据分享给对方，但不希望对方有执行权限，这时就可以对权限进行分配，使自己具有管理或所有权，而对方只有查看的权限。

Deepnote的集成

为了方便用户通过多种途径访问数据，Deepnote提供了几乎用户所需的所有集成，简化了数据源与项目的连接过程。用户的数据源通过加密方式安全地存储在Deepnote的数据库中。

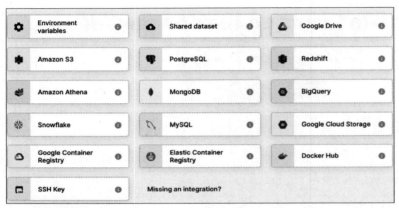

▲ Deepnote集成

多个项目可以连接到一个集成中，并且可以随时断开。如果删除连接到多个项目的集成，则该集成将从所有项目中删除。有些集成可能会要求在连接后重新启动计算机，这时，会停止项目中所有正在运行的进程。

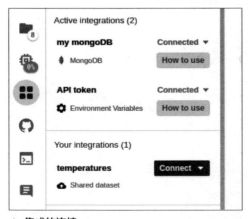

▲ 集成的连接

除了在团队协作上的优势，Deepnote在模型开发方面也非常高效。比如在进行变量可视化分析时，查看变量十分不方便，Deepnote提供了强大的变量可视化功能，具有非常好的交互式体验。

Deepnote是新一代的适合机器学习的开发工具，与之前的工具相比，它还有很多功能尚在开发和完善中。

Jupyter Notebook

Jupyter Notebook是一种在浏览器中使用的交互式开发工具，可以将代码和文字结合，特别适合机器学习、数据分析等领域。Jupyter Notebook支持在代码块下面对一段代码进行解释，并且保存上一次的输出结果。

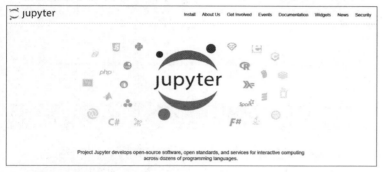

▲ Jupyter Notebook

Jupyter Notebook最大的优势是可以分块执行代码，对于一个大项目来说，在需要调试bug或优化模型时，只要检查某一部分代码的输出结果，而不需要将整个项目代码全部运行一遍。而且Jupyter Notebook的展示界面简洁，操作简单，对新手也很友好。本书选择使用Jupyter Notebook运行程序代码，在后面的小节中也会对该工具的安装和使用进行详细的介绍。

总　结

→ Colaboratory和Deepnote是云端免费的GPU。

→ Colaboratory、Deepnote和Jupyter Notebook都不能进行较大项目的训练，比较适合小项目的训练、调试和编辑。

→ 这三个工具都是基于Web的交互式开发环境。

1-5

Jupyter Notebook的使用方法

Jupyter Notebook可以简便地运行Python程序。使用该工具，可以把程序运行结果与文档内容显示到一起。本书中将会频繁地使用该工具，所以可以轻松掌握它的使用方法。

相关技术（关键词）	应用场景
● Jupyter Notebook	● 用于开发程序 ● 用于机器学习的试验修正

Jupyter Notebook是什么？

Jupyter Notebook是集Python编辑器和运行环境于一体的实用工具。前一节中所介绍的Google Colaboratory是对Jupyter Notebook进行改良后，在Web Server上发布出来的版本。

使用Jupyter Notebook需要先在自己的PC上进行安装，然后在浏览器上编写Python程序，单击"运行"按钮后，结果就会立刻显示出来。所以，使用该工具可以轻松地执行程序。

正因为是记事本（Notebook），所以单个记事本中可以写入多个Python程序，执行结果也会保留在记事本中。打开过去写好的记事本，可以确认程序及结果。另外，还可以添加备忘、图表、图像等内容。并且，与Python的集成开发环境IDLE Shell类似，之前程序里设定的变量，在程序执行之后依然可用于参考。

▲ Jupyter Notebook：可以记录多个程序及其结果

有助于机器学习程序的开发

这里再重新整理一下Jupyter Notebook的主要功能。

- 可以在浏览器上进行程序开发。
- 能够立刻执行**Python**程序。
- 单个记事本中能记录多个程序及其结果。
- 可将程序与文档记录在一起。

因为有上述各种特点，遇到想要确认Python语法等情况时，即使是初学者也很推荐使用。但是Jupyter Notebook真正的作用，在数据分析、机器学习等需要反复进行调试的程序中，才能得以发挥。像前文中介绍机器学习流程时提到的那样，制作机器学习程序时，写好代码后仅执行一次就能完成的情况，是非常少见的。

运行机器学习的程序后，确认执行结果，根据结果的不同，再对算法做出相应地调整，另外，边调整参数边修正程序的情况也很常见。因此，Jupyter Notebook能够在开发过程中发挥很大的作用。

使用Jupyter Notebook

在本书卷末的附录中，介绍了该如何构建运行环境，请参照附录完成Anaconda以及Jupyter Notebook的安装。

完成安装之后，立刻启动Jupyter Notebook吧。在Windows系统中，单击"开始"菜单，依次选择Anaconda→Jupyter Notebook后启动；在macOS中，从Spotlight启动Anaconda-Navigator后，单击很容易就能看到的 Jupyter Notebook图标启动。

扫码看视频

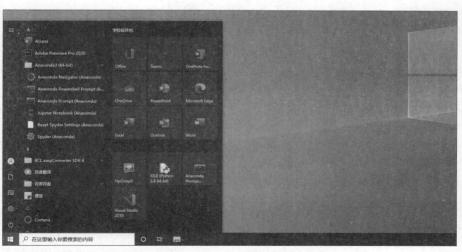

▲ Windows系统从"开始"菜单启动Jupyter Notebook

▲ macOS从Anaconda-Navigator启动

命令提示符启动的方法

Jupyter Notebook同样提供了从命令提示符启动的方式。首先需要安装Anaconda，并设置Path参数，使系统可以获得安装目录的情况下，再输入以下指令即可启动。

```
$ jupyter notebook
```

▲ 命令提示符启动的方法

执行jupyter notebook指令时，会将执行指令时的目录作为工作目录，自动打开默认浏览器，启动Jupyter Notebook。

尝试创建新记事本

Jupyter Notebook启动后，会看到下图中的文件与目录展示页面。单击页面右上角的New按钮，选择下拉菜单中的Python 3选项。

扫码看视频

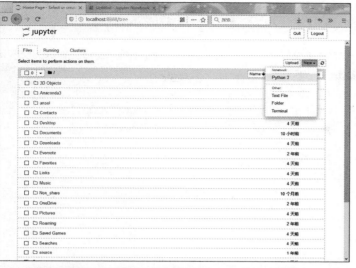

▲ 启动后在出现的文件列表页，依次单击New→Python 3选项

然后会出现以下记事本页面。

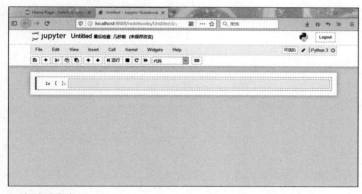

▲ 新建记事本

在菜单下方的In[ ]文本框中输入程序，单击菜单中的"运行"按钮，程序的运行结果就会显示在文本框正下方（Out[1]的部分）。那么，这里就输入3 + 5并运行吧。

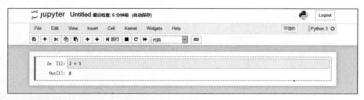

▲ 输入程序、运行、获得结果

记事本中可以插入多个单元格

　　Jupyter Notebook的特点之一，就是可以在单个记事本中写入多个程序。继续以前文中执行简单计算的记事本作为例子，这次向其中加入一些其他程序吧。

　　依次单击Jupyter Notebook菜单中的Insert→Insert Cell Below选项（插入当前单元格下方），就会出现新的空白单元格（译注：翻译时所使用的版本，执行前一次3加5时，已经自动向下追加了新单元格。另外，当前选中的单元格周围会有一圈额外的方框）。

▲ 新增单元格

　　顺带一提，单元格（Cell）有小区间（或是小房间）的意思。Jupyter Notebook将记录程序代码的文本框与运行结果组合成套放在一起，如此一来，单个记事本中就能容纳多个单元格了。

同时运行多个单元格

　　在记事本里添加了多个单元格时，可以从上到下依次运行全部的单元格。单击菜单中Cell→Run All选项之后，就会全部按照顺序来执行，在想要重新执行程序等情况时会很方便。

▲ 可以同时运行多个单元格

尝试重启Python

　　如果Jupyter Notebook无法顺利执行程序，试着重启Python吧。依次单击菜单中的Kernel→Restart选项即可。归根结底，Jupyter Notebook在打开记事本的时候，就相当于启动了Python的集成开发环境；执行单元格的时候，就是在开发环境中运行程序。因此程序无法顺利运行的时候，重启Python自然就能解决问题。另外，想要将变量初始化的时候，也可以通过重启达到目的。

可使用的常用快捷键

　　要在Jupyter Notebook中快速插入单元格，只需依次按下Esc键与B键即可。在Jupyter Notebook中按下Esc键，会进入键盘操作的"命令模式（Command Mode）"，再按下B键就会插入新单元格。与之相对应的是，在输入的时候被称为"编辑模式（Edit Mode）"，此时按下Ctrl + Enter组合键，可以直接运行程序。

　　另外，可以通过菜单上的Help→Keyboard Shortcuts选项打开快捷键一览表，同时允许用户进行自定义。

▲ Jupyter可以通过键盘来操作

不仅可以确认数值还能通过图表查看

Jupyter Notebook在输出程序执行结果时，还能将结果作为图表输出。简单画一个正弦函数的图表，添加新的单元格，输入以下程序。

```
import numpy as np
import matplotlib.pyplot as plt

x = np.arange(0, 10, 0.1)
y = np.sin(x)
plt.plot(x, y)
plt.show()
```

按下运行按钮后，结果如下图所示。这是利用numpy和matplotlib.pyplot等模块绘制的图表。

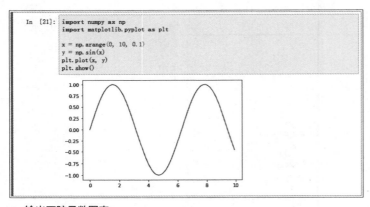

▲ 输出正弦函数图表

使用Markdown标记语言制作文档

Jupyter Notebook有个非常有意思的特点，可以通过Markdown标记语言做出非常正式的文档。新添加一个单元格，单击菜单中的Cell→CellType→Markdown选项即可。

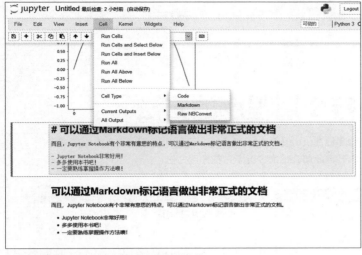

▲ 可以使用Markdown标记语言制作文档

　　另外，Markdown标记语言指的是，使用"#标题""-列表"等标记，对文本进行标记的语言。使用Markdown标记语言录入文档，按下"运行"按钮，将会显示HTML渲染后的效果。

　　总体来看，Jupyter Notebook使用起来非常方便，熟练掌握基本操作方法，会有非常大的帮助。

总　结

→ 使用Jupyter Notebook可以顺利推进机器学习程序的开发。

→ 单个记事本中可以包含多个单元格。

→ 不仅可以输入图表，还能添加注释。

1-6
运行个别程序的方法

虽然本书大部分的程序都在Jupyter Notebook上运行，但还是有几个程序需要通过命令提示符运行。本节将简单介绍命令提示符的使用方法。

相关技术（关键词）	应用场景
● 命令提示符 ● 终端	● 运行程序的时候

命令提示符是什么？

命令提示符（命令行），是通过键盘输入"操作指令"向计算机发出指示的工具。本书中注明通过"命令提示符"运行程序时，Windows系统指代Anaconda Prompt，macOS或Linux则指"终端"。

Windows 10中启动Anaconda Prompt的方法

在Windows中单击"开始"菜单，依次单击Anaconda→Anaconda Prompt选项。

▲ 通过"开始"菜单启动Anaconda Prompt

▲ Anaconda Prompt启动界面

macOS中启动终端的方法

在macOS中，单击Spotlight（屏幕右上方的放大镜图标，官方中文称为"聚焦"），在窗口中输入"终端.app"，然后启动。

▲ 通过Spotlight启动终端

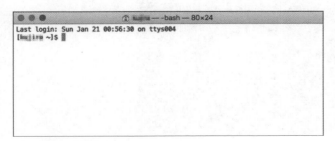

▲ macOS的终端

如何运行程序？

通过命令提示符运行Python程序的时候，输入下面的指令。其中$表示向命令提示符输入指令的符号，实际输入指令时，并不需要输入该符号。

```
$ python (程序文件名.py)
```

使用Windows中的Anaconda Prompt或macOS中的终端时，可以直接将文件拖曳至窗口中，会自动生成文件的目录及文件名。

本书样例程序的运行方法

想要实际运行本书的样例程序时，可以在本书的样例网站中下载。解压缩样例程序存档后，按照以下步骤进行操作。

(1) 启动命令提示符。
(2) 使用cd指令变更当前目录。
(3) 使用python指令运行程序。

例如，想要执行程序文件src/ch2/wine/count_wine_data.py时，先将当前目录移动到该程序文件所在目录src/ch2/wine下，然后再运行程序。

```
改变当前目录
$ cd src/ch2/wine

运行程序
$ python ./count_wine_data.py
```

▲ 通过命令提示符运行程序

模块安装

命令提示符不仅可以用来运行程序，有时也会用于安装Python的扩展模块。

总　结

➜ 通过命令提示符运行Python程序。

➜ 本书记载的程序中，有的必须使用命令提示符运行。

第 2 章

机器学习入门

本章为机器学习的入门篇，通过分析经典案例来抓住机器学习的基本要领。同时介绍机器学习库 scikit-learn 与数据处理助手 NumPy、Pandas 的基本使用方法。

2-1

实现最简单的机器学习

下面让我们开始实践机器学习吧。首先探讨作为机器学习框架的scikit-learn，然后尝试在机器学习中实现AND运算，借此掌握机器学习的基本流程。

相关技术（关键词）

- scikit-learn库
- LinearSVC算法
- KNeighborsClassifier算法

应用场景

- 了解机器学习程序的基本流程

scikit-learn相关

scikit-learn对基于Python的机器学习来说，是必不可少的框架结构。

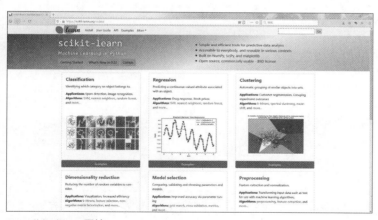

▲ scikit-learn网站

scikit-learn网站
[URL] http://scikit-learn.org/

scikit-learn有下列特点：

- 各种各样能用于机器学习的算法。
- 包含样本数据，能立刻试用于机器学习。
- 能够验证机器学习的结果。
- 与其他机器学习常用库（如Pandas、NumPy、Scipy、Matplotlib等）之间有着很高的亲和度。
- 得益于BSD开源协议，可以免费用于商业用途。

让机器学习进行AND运算

迈出机器学习的第一步就是，学习如何进行AND逻辑运算，同时掌握scikit-learn的使用方法。

扫码看视频

认识AND运算

"AND运算"指的是，若存在两个输入变量（X与Y），经过逻辑运算后会获得以下结果：

- 两个变量都是True（1），则结果为True（1）。
- 除此之外的情况，结果均为False（0）。

下表列出了所有可能的情况。输入为X与Y，X and Y表示运算结果。

X	Y	X and Y
0	0	0
1	0	0
0	1	0
1	1	1

接下来，就在机器学习中实现AND运算吧。

决定目标

首先需要决定的是，计划制作什么样的机器学习程序。本例中将制作有监督学习的机器学习程序。

- 对输入变量（X、Y）与运算结果（X and Y）所有可能的组合进行学习训练。
- 再次输入X和Y的所有组合，评估是否能够正确预测出结果（X and Y）。

事先说明，该程序即使不用机器学习也能够实现，但是为了理解机器学习的基本流程，此处特别使用机器学习来实现。

选择算法

决定目标之后，就需要选择算法。

"有什么算法呢？""每种算法适用于何种情况呢？"，这对于那些"想要借此开始了解机器学习"的人来说，要给出像样的答案还是很困难的。

此时可以参考scikit-learn algorithm cheat-sheet（下文统称为"算法速查表"）。该速查表可在scikit-learn官网上的教程页面中找到，链接如下：

[URL]
http://scikit-learn.org/stable/tutorial/machine_learning_map/

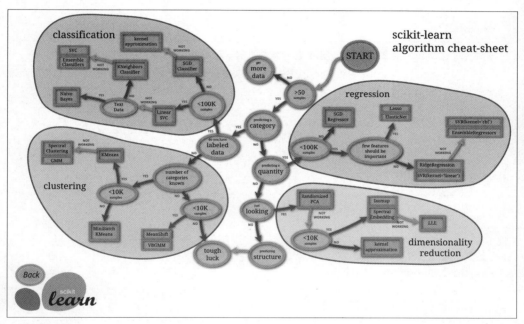

▲ 算法速查表

想要制作怎样的机器学习程序？准备了什么样的数据？根据自己的需求结合指引提示，到达引导目的地，便能够得到相关算法的建议。

对于刚刚接触机器学习的读者来说，参照算法速查表选择算法之后，调查该算法并实际动手应用，可以增强自身对各类算法的理解。

参照该速查表，尝试选择一种适合AND运算的算法。但AND运算中仅有4份样本数据，远远少于50份，因此会引导出以下结果。

● "Start（开始）" → "＞50 Sample（样本数大于50）" → "NO（否）" → "get more data（获取更多数据）"

035

本次为了理解机器学习程序的基本流程，暂且忽视这部分的判断，继续往"YES（是）"的方向前进。

● "predicting a category（是预测类别的问题吗）"→"YES（是）"→"do you have labeled data（是否有标签，即带有结果的数据）"→"YES（是）"

因为仅仅只有4份数据，远远小于100K（10万），所以下文的引导选择YES。

● "<100K samples（样本数小于10万）"→"YES（是）"→"LinearSVC（线性SVC）"

最终会到达LinearSVC算法处，那么就遵照速查表使用LinearSVC。

实际操作

尝试基于LinearSVC算法，制作出AND运算的机器学习程序。

首先在Jupyter Notebook中新建一个记事本。依次单击页面右上角的New→Python 3选项新建记事本。然后，输入下文的代码。

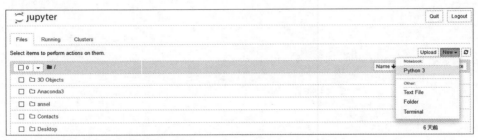

▲ 在Jupyter Notebook中新建记事本

▼ and.py

```python
# 导入库文件 --- (*1)
from sklearn.svm import LinearSVC
from sklearn.metrics import accuracy_score

# 准备学习用的数据和正确结果 --- (*2)
# X , Y
learn_data = [[0,0], [1,0], [0,1], [1,1]]
# X and Y
learn_label = [0, 0, 0, 1]

# 指定算法(LinearSVC) --- (*3)
clf = LinearSVC()
```

```
# 开始学习样本数据及正确结果   --- (*4)
clf.fit(learn_data, learn_label)

# 使用测试数据进行结果预测 --- (*5)
test_data = [[0,0], [1,0], [0,1], [1,1]]
test_label = clf.predict(test_data)

# 评估预测结果 --- (*6)
print(test_data , "的预测结果: " ,  test_label)
print("正确率 = " , accuracy_score([0, 0, 0, 1], test_label))
```

在Jupyter Notebook中运行该程序吧。单击"运行"按钮以后，将显示以下结果。

▲ 在Jupyter Notebook中显示结果

```
[[0, 0], [1, 0], [0, 1], [1, 1]] 的预测结果:  [0 0 0 1]
正确率 =  1.0
```

"正确率=1.0"表示正确率达到了100%。可以说，实现AND运算的此机器学习程序在LinearSVC算法下已通过评估。

我们可以看到，通过非常简单的程序，就使用机器学习完成了AND运算。接下来将在梳理程序的同时，了解机器学习的基本流程。

注释（*1）处，导入了下列必需的包：

● 为了使用LinearSVC算法而导入的包(sklearn.svm.LinearSVC)
● 为了评估测试结果而导入的包(sklearn.metrics.accuracy_score)

注释（*2）处，准备学习用的数据。LinearSVC是有监督学习，所以同时也附带了结果数据。

注释（*3）处，生成机器学习所用的对象。因为要使用LinearSVC算法，所以调用LinearSVC的构造函数创建对象。虽然构造函数能够指定各种参数，但此处并没有使用任何参数。

注释（*4）处，使用学习用的数据及结果数据，调用fit()函数进行学习。向fit()函数中传入了学习用的数据以及结果数据的数组。

注释（*5）处，使用测试数据，调用predict()函数预测结果。向predict()函数中传入测试数据的数组，返回预测结果。

注释（*6）处，为了评估预测结果，调用accuracy_score()函数计算正确率。向accuracy_score()函数中输入正确结果以及预测结果，函数将返回正确率。

改良提示

关于测试结果不尽如人意的情况下该如何处理，此处以XOR运算作为例子进行说明。在XOR运算中输入两个参数（X与Y），得到下表中的逻辑运算结果。

扫码看视频

X	Y	X xor Y
0	0	0
1	0	1
0	1	1
1	1	0

为选择合适的算法而使用算法速查表，得到与AND运算相同的结果，到达LinearSVC算法处。此处调用AND运算的程序进行适当修改。在Jupyter Notebook中新建一个记事本，依次单击页面右上角的New→Python 3选项创建新记事本，然后键入以下程序。

▼ xor.py

```python
# 导入库文件
from sklearn.svm import LinearSVC
from sklearn.metrics import accuracy_score

# 准备学习用的数据和正确结果
# X , Y
learn_data = [[0,0], [1,0], [0,1], [1,1]]
# X xor Y
learn_label = [0, 1, 1, 0]   #(*) 变为xor用的标签数据

# 指定算法(LinearSVC)
clf = LinearSVC()

# 开始学习样本数据及正确结果
clf.fit(learn_data, learn_label)
```

```
# 对测试数据进行结果预测
test_data = [[0,0], [1,0], [0,1], [1,1]]
test_label = clf.predict(test_data)

# 评估预测结果
print(test_data , "的预测结果: " ,  test_label)
print("正确率 = " , accuracy_score([0, 1, 1, 0], test_label))  #(*) 变
为xor用的标签数据
```

注释"#（*）变为xor用的标签数据"（两处）的部分需要修改。然后在Jupyter Notebook中运行该程序。单击"运行"按钮，出现以下结果。

```
[[0, 0], [1, 0], [0, 1], [1, 1]] 的预测结果:  [1 1 0 1]
正确率 =  0.25
```

实际上，预测结果以及正确率每次都会变化，本次的结果为25%。但只有25%的正确率，无法认为该程序可以在实际工作中使用。换言之，实现XOR运算的此机器学习程序没有通过评估。

那么，这种情况下该如何进行改进呢？我们可以从下列改进方法中选择一种。

● **保留原算法，改变算法的参数。**
● **改变算法。**

这里使用"改变算法"的方式改进程序。

那么应当换成何种算法呢？再次查看算法速查表可以发现，在LinearSVC不适用的情况下（NOT WORKING），还有其他数项候补算法，这次从里面选择KNeighborsClassifier算法尝试改进。

● **LinearSVC→"NOT WORKING（不适用）"→"Text Data（文本数据）"→"NO（否）"→"KNeighbors Classifier（K近邻算法）"**

该程序的修正结果如下所示。

▼ xor2.py

```
# 导入库文件 --- (*1)
from sklearn.neighbors import KNeighborsClassifier
from sklearn.metrics import accuracy_score

# 准备学习用的数据和正确结果
# X , Y
learn_data = [[0,0], [1,0], [0,1], [1,1]]
# X xor Y
```

第1章
第2章
第3章
第4章
第5章
第6章

```
learn_label = [0, 1, 1, 0]    #(*) 变为xor用的标签数据

# 指定算法(KNeighborsClassifier) --- (*2)
clf = KNeighborsClassifier(n_neighbors = 1)

# 开始学习样本数据及正确结果
clf.fit(learn_data, learn_label)

# 对测试数据进行结果预测
test_data = [[0,0], [1,0], [0,1], [1,1]]
test_label = clf.predict(test_data)

# 评估预测结果
print(test_data , "的预测结果: " ,  test_label)
print("正确率 = " , accuracy_score([0, 1, 1, 0], test_label))    #(*) 变
为xor用的标签数据
```

在Jupyter Notebook中运行该程序。单击"运行"按钮后，将显示以下内容。

```
[[0, 0], [1, 0], [0, 1], [1, 1]] 的预测结果:  [0 1 1 0]
正确率 =  1.0
```

这次就获得了非常高的正确率。在经过改进后，可以说，实现XOR运算的此机器学习程序在KNeighborsClassifier算法下已通过评估。下面确认程序中具体的修改细节。

注释（*1）处，为使用KNeighborsClassifier算法而导入的包（sklearn.neighbors）。

注释（*2）处，因为要利用KNeighborsClassifier算法，所以调用KNeighborsClassifier的构造函数创建对象，并且使用了参数n_neighbors。

总结前文所述，当测试的结果并不理想时，可以通过修改函数或调整参数的方式对程序进行改良。另外，仅仅只是调整导入的包以及机器学习对象的生成部分，就能够轻松变换所使用的算法。

总　结

➡ 基于Python的机器学习中，scikit-learn是必不可少的。

➡ 无法确定使用何种算法更好时，可以使用算法速查表作为参考。

➡ 有非常方便的方法可以用于学习和评估。

➡ 评估结果不理想时，改变算法或输入的参数。

2-2

尝试挑战鸢尾花分类

在理解了机器学习程序的基本流程后，可以开始尝试处理一些更复杂的数据。比如说，有名的"Fisher的鸢尾花数据集"就是一个很好的选择。首先要获得鸢尾花数据，然后使用Pandas库读取数据，再基于scikit-learn库中的SVC算法完成机器学习程序。

相关技术（关键词）	应用场景
● Fisher鸢尾花数据集	● 了解机器学习的基本流程
● Pandas库	● 根据植物的特征数据对品种进行分类
● SVC算法	

获取鸢尾花数据集

鸢尾花数据集是模式识别、机器学习等领域被使用最多的数据集之一。以下是获取该数据集的方法。

下载鸢尾花数据集

"Fisher鸢尾花数据集"又名为Anderson鸢尾花数据集，是根据鸢尾花品种进行分类的数据。本次将下载该数据集并应用在机器学习中。

Fisher鸢尾花数据集非常有名，在各类网站中都可以下载。本书选择浏览GitHub的数据仓库，从Pandas测试数据文件夹中下载鸢尾花数据集。下载路径可能会随时间而发生变化。

下载鸢尾花数据集
[URL] https://github.com/pandas-dev/pandas/blob/master/pandas/tests/io/data/csv/iris.csv

041

▲ GitHub数据仓库中的鸢尾花数据集

从GitHub下载鸢尾花数据集。先单击页面右上角的Raw按钮，将所有的数据都显示到页面上，然后使用浏览器的保存功能获得文件，请在另存为时将文件名改为iris.csv。

确认鸢尾花数据集

使用Excel打开下载好的鸢尾花数据集。

▲ 使用Microsoft Excel打开CSV文件

我们可以看到以下列项。

列	列项	列的含义	列值样例
1	SepalLength	花萼的长度	5.1
2	SepalWidth	花萼的宽度	3.5
3	PetalLength	花瓣的长度	1.4
4	PetalWidth	花瓣的宽度	0.2
5	Name	鸢尾花的品种	Iris-setosa

从中可以看出该数据集展示的是，鸢尾花的品种与花萼及花瓣长宽之间的关系。另外，鸢尾花包含如下三个品种：

鸢尾花的品种
Iris-Setosa
Iris-Versicolor
Iris-Virginica

仅看文字没有太大的实感，通过图片来感受它们之间的区别吧。

▲ Iris-Setosa

▲ Iris-Versicolor

第1章

第2章

第3章

第4章

第5章

第6章

043

▲ Iris-Virginica

在Colaboratory与Jupyter Notebook中加载数据的方法（参考）

在前文中提到，可以用浏览器的保存功能下载CSV文件。除此之外，还能在Colaboratory和Jupyter Notebook中直接下载CSV文件。将下文的程序键入记事本后运行。

```
import urllib.request as req
import pandas as pd

# 下载文件
url = "https://raw.githubusercontent.com/pandas-dev/pandas/master/
pandas/tests/io/data/csv/iris.csv"
savefile = "iris.csv"
req.urlretrieve(url, savefile)
print("已保存")

# 显示下载完毕的文件内容
csv = pd.read_csv(savefile, encoding="utf-8")
csv
```

运行程序后，可以看到以下内容。（译注：由于Google以及GitHub均非国内网站，建议使用vpn，否则可能会出现Jupyter Notebook下载连接超时、Colaboratory网页无法打开等情况）

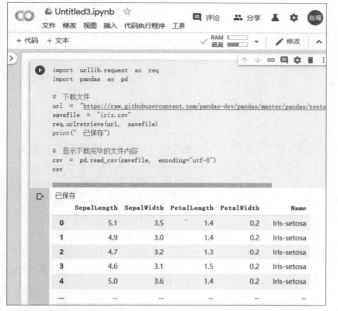

▲ 记事本中下载CSV数据

使用鸢尾花数据集进行机器学习

下载好数据后，就算是完成了机器学习的准备工作。下面使用鸢尾花数据集制作有监督学习程序。

扫码看视频

确定目标

首先需要确定目标。此处将把"依据花萼花瓣的长宽，分辨鸢尾花的品种"作为目标，因而可以按照以下步骤编写机器学习程序。

(1) 读取下载好的鸢尾花数据集文件iris.csv。
(2) 从鸢尾花数据集中，分离出花萼与花瓣的长宽信息（数据部分），以及鸢尾花的品种信息（标签部分）。
(3) 将全部数据分成两份，其中80%作为学习用的数据，剩余20%用于测试。
(4) 使用学习用的数据进行学习训练，之后输入测试用的数据，对鸢尾花品种的预测结果进行评估。

机器学习程序的基本流程，与前一节中的AND运算和XOR运算程序相同。因此该程序的要点包含以下几项：CSV文件的读取、将数据与标签分离以及划分出学习所用部分与测试所用部分。

选择算法

AND运算程序中使用了LinearSVC算法，XOR运算程序中是KNeighborsClassifier算法，而本程序则尝试使用SVC算法。

实际操作

下面制作机器学习程序，将根据花萼和花瓣的长宽，来分辨鸢尾花的品种。首先启动Jupyter Notebook，然后上传CSV文件iris.csv。单击页面右上角的Upload按钮，选择需要上传的文件，完成后即可在文件列表中看到iris.csv文件。在Jupyter Notebook中直接下载CSV文件时，不需要再次上传。（译注：译者使用的版本中，还需要在此处确认或修改文件名，再单击同行右方的"上传"按钮）

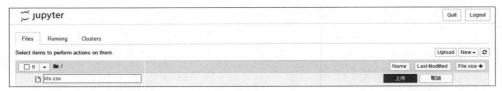

▲ 将iris.csv文件上传至Jupyter Notebook

接着在Jupyter Notebook中新建记事本。依次单击页面右上角的New→Python 3选项创建新的记事本，键入以下代码。

▼ iris.py

```
import pandas as pd
from sklearn.model_selection import train_test_split
from sklearn.svm import SVC
from sklearn.metrics import accuracy_score

# 读取鸢尾花数据集 --- (*1)
iris_data = pd.read_csv("iris.csv", encoding="utf-8")

# 将鸢尾花数据分成标签数据与输入数据 --- (*2)
y = iris_data.loc[:,"Name"]
x = iris_data.loc[:,["SepalLength","SepalWidth","PetalLength","Petal
Width"]]

# 将数据分为学习用以及测试用两部分 --- (*3)
x_train, x_test, y_train, y_test = train_test_split(x, y, test_size
= 0.2, train_size = 0.8, shuffle = True)

# 进行学习训练 --- (*4)
clf = SVC()
```

```
clf.fit(x_train, y_train)

# 进行评估 --- (*5)
y_pred = clf.predict(x_test)
print("正确率 = " , accuracy_score(y_test, y_pred))
```

最后在Jupyter Notebook中运行该程序，单击"运行"按钮后会显示以下结果。

```
正确率 =  0.9666666666666667
```

以上显示内容为鸢尾花品种分辨的精确度。学习所用数据与测试所用数据是随机进行分离的，因此显示的正确率每次运行时都会有所不同。此处显示的结果是0.966……，超过了96%，可以认为鸢尾花品种的分辨已经通过了评估。

▲ 进行鸢尾花品种分类

那么一起来梳理程序吧。

注释(*1)处，调用Pandas库中的read_csv()方法读取iris.csv文件。read_csv()方法在读取数据之后，会返回Pandas的DataFrame对象。

注释(*2)处，将读取的鸢尾花数据集分成标签数据以及输入数据。分离操作使用DataFrame对象的loc()方法就可以简单地完成。详细来说，是利用CSV的列名进行区分的。

注释(*3)处，将数据分成了学习所用数据与测试所用数据。使用train_test_split()方法可以很简单地完成分离。因为需要分成两部分，80%用于学习而剩余20%用于测试，所以指定了参数test_size = 0.2与train_size = 0.8。此外，为了让数据均匀分布，还指定了参数shuffle= True，将原数据（x和y）打乱顺序后再进行分离。（实际上默认参数为True，即使省略该参数也没有影响）

注释(*4)处，生成用于分组的SVC分类机，然后调用fit()方法学习数据。

047

注释（*5）处，使用测试数据进行预测，与正确的标签数据对比之后，计算正确率并显示到页面中。与前一节相同，使用predict()方法预测，accuracy_score()方法计算正确率。

阅读至此，各位读者对于机器学习程序的基本流程是否已有初步的理解呢？代码中出现的各种库以及方法会在机器学习中频繁地使用，因此本节在最后将其整理出来以供大家参考。另外，关于各个方法使用到的参数，已在前文代码中使用过的均会在下文中进行说明，当然还有其他未列出的参数，请根据实际需求来使用。

	分类	库	方法	说明
1	读取数据	Pandas	read_csv()	输入CSV文件后返回DataFrame对象
2	数据分离（列）	Pandas	loc()	将数据分为标签以及输入数据（根据列分离）
3	数据分离（行）	scikit-learn	train_test_split()	将数据分为学习所用数据以及测试所用数据（根据行分离）。test_size、train_size参数可用于调整学习与测试所用数据间的比例
4	学习	scikit-learn	fit()	输入学习用的数组以及结果数组后，进行学习训练
5	预测	scikit-learn	predict()	输入测试数据的数组后，返回预测结果
6	正确率计算	scikit-learn	accuracy_score()	输入正确结果以及预测结果后，返回正确率

补充：scikit-learn中已存有该数据

本节中为了介绍如何在Jupyter Notebook中上传文件，所以才选择从GitHub下载鸢尾花数据集的CSV文件，实际上scikit-learn的示例数据中已经包含有该数据集。换言之，通过Anaconda等方式安装好scikit-learn之后，就能够直接使用鸢尾花数据集。

如果只是想要使用数据，按照以下步骤，使用load_iris()函数读取数据之后即可使用。

```
from sklearn import datasets, svm
# 读取数据
iris = datasets.load_iris()
print("target=", iris.target) # 标签数据
print("data=", iris.data) # 查看数据
```

运行之后，将显示以下内容。

```
In [1]:  from sklearn import datasets, svm
         # 读取数据
         iris = datasets.load_iris()
         print("target=", iris.target)  # 标签数据
         print("data=", iris.data)  # 查看数据
```

```
target= [0 0 0 0 0 0 0 0 0 0 0 0 0 0 0 0 0 0 0 0 0 0 0 0 0 0 0 0 0 0 0 0 0
 0 0 0 0 0 0 0 0 0 0 0 0 0 0 0 0 0 1 1 1 1 1 1 1 1 1 1 1 1 1 1 1 1 1 1 1 1
 1 1 1 1 1 1 1 1 1 1 1 1 1 1 1 1 1 1 1 1 1 1 2 2 2 2 2 2 2 2 2 2
 2 2 2 2 2 2 2 2 2 2 2 2 2 2 2 2 2 2 2 2 2 2 2 2 2 2 2 2 2 2 2 2 2 2 2 2
 2 2]
data= [[5.1 3.5 1.4 0.2]
 [4.9 3.  1.4 0.2]
 [4.7 3.2 1.3 0.2]
 [4.6 3.1 1.5 0.2]
 [5.  3.6 1.4 0.2]
 [5.4 3.9 1.7 0.4]
 [4.6 3.4 1.4 0.3]
 [5.  3.4 1.5 0.2]
 [4.4 2.9 1.4 0.2]
 [4.9 3.1 1.5 0.1]
 [5.4 3.7 1.5 0.2]
 [4.8 3.4 1.6 0.2]
 [4.8 3.  1.4 0.1]
 [4.3 3.  1.1 0.1]
```

▲ 读取鸢尾花数据集的示例数据并显示

应用提示

　　如前文所述，只要准备好CSV文件并读取其中的内容后，便可以制作出机器学习程序。各位读者将 "Fisher鸢尾花数据集" 替换为实际工作中的业务数据，就能够做出对工作有帮助的机器学习程序。

总　结

→ 根据花萼及花瓣的长宽即可分辨鸢尾花的品种。

→ 鸢尾花数据集是公开的数据，非常适合作为机器学习的题材。

→ 使用Pandas可以轻松读取CSV文件里的数据，并对其进行分离。

→ 利用train_test_split()方法能够轻松完成学习所用数据与测试所用数据的分离。

2-3

让AI品鉴葡萄酒的美味

葡萄酒的确是非常美味之物，我们能够通过调查其成分来鉴别这种美味。在获得成分数据之后，就能利用机器学习，制作出分辨葡萄酒等级的程序。

相关技术（关键词）
● 葡萄酒数据
● scikit-learn
● 随机森林

应用场景
● 计划根据成分等数据进行分类

通过机器学习分析葡萄酒的品质

一直以来，人们都会依靠降水量与气温等信息，判断当年葡萄酒的品质如何，但是在解析其成分之后，就可以更加精确地进行品质鉴定。本节中，会通过葡萄酒的成分对其品质进行辨识，借由葡萄酒的题材实践机器学习吧。

下载葡萄酒数据

那么最初要做的，就是下载用于学习的葡萄酒数据。在"UCI Machine Learning Repository（UCI机器学习数据仓库）"中，公开了许多能用于机器学习的样例，其中就包括葡萄酒的品质数据。

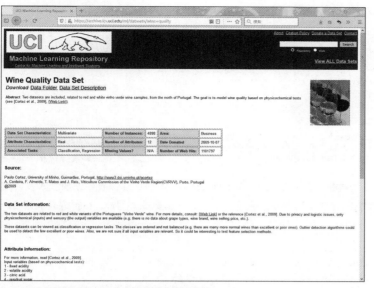

▲ UCI机器学习数据仓库中的葡萄酒品质数据

UCI Machine Learning Repository > Wine Quality Data Set
[URL] https://archive.ics.uci.edu/ml/datasets/wine+quality

在该葡萄酒品质数据中，包含红葡萄酒与白葡萄酒两种类型的数据。本次将使用白葡萄酒作为机器学习实践的资料。

使用Jupyter Notebook下载白葡萄酒数据资料。启动Jupyter Notebook之后，创建新记事本，键入以下程序并运行。葡萄酒数据会在运行此程序之后下载完毕。

▼ download_wine_data.py

```
from urllib.request import urlretrieve
url = "https://archive.ics.uci.edu" + \
      "/ml/machine-learning-databases/wine-quality" + \
      "/winequality-white.csv"
savepath = "winequality-white.csv"
urlretrieve(url, savepath)
```

完成下载之后，可以在Jupyter Notebook文件列表中看到，出现了名为winequality-white.csv的文件。（需要刷新文件列表时，单击页面右上角New右边的刷新按钮，浏览器就会刷新列表）

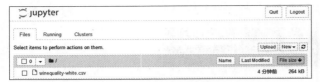

▲ 完成下载后，可以看到CSV文件

葡萄酒数据相关须知

那么来看看下载的白葡萄酒数据吧。在文本编辑器中打开此数据文件，可以看到以下CSV文件数据。这份以CSV格式保存的数据，其特征之一是以字符"；"来分隔数据。另外，首行是表头数据，第二行以后的数据大体如下所示。

```
7;0.27;0.36;20.7;0.045;45;170;1.001;3;0.45;8.8;6
6.3;0.3;0.34;1.6;0.049;14;132;0.994;3.3;0.49;9.5;6
8.1;0.28;0.4;6.9;0.05;30;97;0.9951;3.26;0.44;10.1;6
7.2;0.23;0.32;8.5;0.058;47;186;0.9956;3.19;0.4;9.9;6
7.2;0.23;0.32;8.5;0.058;47;186;0.9956;3.19;0.4;9.9;6
8.1;0.28;0.4;6.9;0.05;30;97;0.9951;3.26;0.44;10.1;6
...(省略)...
```

尝试读取葡萄酒数据

因为该CSV文件的保存形式略有些少见，但是只要使用Pandas，即使并非使用逗号分隔符的CSV文件，也能够轻松读取其中的数据。将下文的代码键入至Jupyter Notebook中并运行。

```
import pandas as pd
df = pd.read_csv("winequality-white.csv", sep=";", encoding="utf-8")
df
```

对于使用逗号以外分隔符的CSV文件，例如上文中的分号，那么在调用read_csv()方法时需要指定参数sep=";"。如果能够正确读取数据，Jupyter Notebook将会显示以下内容。

```
In [2]: import pandas as pd
        df = pd.read_csv("winequality-white.csv", sep=";", encoding="utf-8")
        df
```

Out[2]:

	fixed acidity	volatile acidity	citric acid	residual sugar	chlorides	free sulfur dioxide	total sulfur dioxide	density	pH	sulphates	alcohol	quality
0	7.0	0.27	0.36	20.7	0.045	45.0	170.0	1.00100	3.00	0.45	8.8	6
1	6.3	0.30	0.34	1.6	0.049	14.0	132.0	0.99400	3.30	0.49	9.5	6
2	8.1	0.28	0.40	6.9	0.050	30.0	97.0	0.99510	3.26	0.44	10.1	6
3	7.2	0.23	0.32	8.5	0.058	47.0	186.0	0.99560	3.19	0.40	9.9	6
4	7.2	0.23	0.32	8.5	0.058	47.0	186.0	0.99560	3.19	0.40	9.9	6
...	...	...	...	...	...	...	...	...	...	...	...	...
4893	6.2	0.21	0.29	1.6	0.039	24.0	92.0	0.99114	3.27	0.50	11.2	6
4894	6.6	0.32	0.36	8.0	0.047	57.0	168.0	0.99490	3.15	0.46	9.6	5
4895	6.5	0.24	0.19	1.2	0.041	30.0	111.0	0.99254	2.99	0.46	9.4	6
4896	5.5	0.29	0.30	1.1	0.022	20.0	110.0	0.98869	3.34	0.38	12.8	7
4897	6.0	0.21	0.38	0.8	0.020	22.0	98.0	0.98941	3.26	0.32	11.8	6

4898 rows × 12 columns

▲ 读取葡萄酒的CSV文件

葡萄酒数据相关说明

　　该葡萄酒数据包含11种葡萄酒成分数据，第12项（最末项）为葡萄酒专家给出的葡萄酒品质数据。该品质数据来源于专家的评价，从三次以上的评价中，取中值作为该葡萄酒的品质数据，数值越高则代表品质越好，其中0代表最差，10则为最佳品质。

	说明（表头数据）	中文含义
1	fixed acidity	固定酸
2	volatile acidity	挥发酸
3	citric acid	柠檬酸
4	residual sugar	残留糖分
5	chlorides	氯化物
6	free sulfur dioxide	游离二氧化硫
7	total sulfur dioxide	总二氧化硫
8	density	密度
9	pH	pH值
10	sulphates	硫酸盐
11	alcohol	酒精
12	quality	品质（0：坏，10：好）

尝试鉴定葡萄酒的品质

　　按照机器学习程序基本流程开始制作吧。在机器学习中，需要将数据分为学习所用数据以及测试所用数据，学习所用数据用于训练模型，而测试所用数据则用于对模型进行评估。

扫码看视频

确定鉴定所需要的算法

这里我们尝试用随机森林算法来制作机器学习程序。那么如何选定算法呢？在参考速查表之后，本次将使用集成学习中的随机森林算法。关于随机森林算法会在后续的专栏中详细说明，它是一种以学习方法简单且性能优异而闻名的算法。

鉴定葡萄酒的实际程序

在以下程序中，将会读取葡萄酒数据，训练模型依据成分鉴定品质，并对该模型最终是否能够达到目标进行确认。

▼ wine_simple.py

```python
import pandas as pd
from sklearn.model_selection import train_test_split
from sklearn.ensemble import RandomForestClassifier
from sklearn.metrics import accuracy_score
from sklearn.metrics import classification_report

# 读取数据
wine = pd.read_csv("winequality-white.csv", sep=";",
encoding="utf-8")

# 将数据分成标签部分与数据部分 ---(*1)
y = wine["quality"]
x = wine.drop("quality", axis=1)

# 划分为学习所用与测试所用两部分 ---(*2)
x_train, x_test, y_train, y_test = train_test_split(
  x, y, test_size=0.2)

# 进行学习 ---(*3)
model = RandomForestClassifier()
model.fit(x_train, y_train)

# 进行评估 ---(*4)
y_pred = model.predict(x_test)
print(classification_report(y_test, y_pred))
print("正确率=", accuracy_score(y_test, y_pred))
```

可以将上述程序键入Jupyter Notebook的单元格中，实际运行查看结果，得到的正确率如下所示。

```
正确率= 0.6673469387755102
```

054

```
import pandas as pd
from sklearn.model_selection import train_test_split
from sklearn.ensemble import RandomForestClassifier
from sklearn.metrics import accuracy_score
from sklearn.metrics import classification_report

# 读取数据
wine = pd.read_csv("winequality-white.csv", sep=";", encoding="utf-8")

# 将数据分成标签部分与数据部分—— (*1)
y = wine["quality"]
x = wine.drop("quality", axis=1)

# 划分为学习用与测试用两部分—— (*2)
x_train, x_test, y_train, y_test = train_test_split( x, y, test_size=0.2)

# 进行学习—— (*3)
model = RandomForestClassifier()
model.fit(x_train, y_train)

# 进行评估—— (*4)
y_pred = model.predict(x_test)
print(classification_report(y_test, y_pred))
print("正确率=", accuracy_score(y_test, y_pred))
```

```
              precision    recall  f1-score   support

           3       0.00      0.00      0.00         3
           4       0.56      0.30      0.39        33
           5       0.66      0.69      0.67       291
           6       0.67      0.77      0.71       452
           7       0.74      0.52      0.61       168
           8       0.64      0.44      0.52        32
           9       0.00      0.00      0.00         1

    accuracy                           0.67       980
   macro avg       0.47      0.39      0.42       980
weighted avg       0.67      0.67      0.66       980

正确率= 0.6714285714285714
/usr/local/lib/python3.6/dist-packages/sklearn/metrics/classification.py:1437: UndefinedMe
    'precision', 'predicted', average, warn_for)
```

▲ Colaboratory上的运行结果

　　上述内容为品质鉴别的精确度。即使每次运行结果会有所变化，但大体会处于0.61（61%）到0.67（67%）之间。虽说浮动范围不大，但为何每次都会得出不同的结果呢？那是由于学习所用数据与测试所用数据是随机进行划分的，使用不同的数据进行训练后，多少会产生一定的误差。

　　尽管如此，还是先梳理程序吧。在程序的注释（*1）处，对读取到的葡萄酒数据进行分割，划分为标签部分（目标变量）与数据部分（说明变量）。具体而言，葡萄酒专家的评价（quality）作为标签，剩下11种葡萄酒成分为数据。在Pandas的DataFrame中，使用drop()方法可以很轻松地删减数据。

　　注释（*2）处，将数据分成学习与测试两部分。如果所有的数据都用于学习，那么再使用该数据进行测试，是无法正确获得精度的，因此将数据分成学习与测试两部分很重要。另外，使用train_test_split()方法，可以轻松对数据进行分离，非常方便。

　　注释（*3）处，通过RandomForestClassifier制作能够实际运作的分类机，然后使用fit()方法完成学习资料的训练。

　　注释（*4）处，使用测试数据进行预测，将预测结果与正确的标签数据进行比对，计算正确率并显示到页面中。从前文可得知，正确率在0.65上下浮动。

另外，在使用了classification_report()函数之后，会对各分类标签的结果进行统计，并显示出来。这里显示的数值，是对各个标签（葡萄酒的品质）分类结果是否正确的评估统计。precision为精确率，recall为召回率（该品质的酒中被正确判断出来的比率），f1-score为精确率与召回率的调和平均数，support为该品质酒的测试样本数量。precision（精确率）是判断为正确的数据中，实际上也正确的比率。（译注：在本例中即为，模型预测的某品质结果中，符合专家正确答案的比率）recall（召回率）则是所有实际为正确的数据中，正确判断出来的比率。（译注：在本例中即为，某品质酒的所有专家答案中，模型成功预测出来的部分所占比率）但是实际运行后，可以看到页面中出现了警告提示。

为了更高的精度

不得不说，0.667（约67%）左右的正确率，实在不能算理想的结果，需要再努力继续提高模型的预测精度。

再加上classification_report()的运行结果中，包含有"UndefinedMetricWarning（未定义指标警告）"提示，这代表着在标签中存在没有被分到数据的情况。

扫码看视频

这里需要回头重新审视本次使用的数据。本次使用的葡萄酒数据，根据品质不同分成了0到10共11种，然而根据数据说明来看，11种品质的葡萄酒数据量并不相同。这说明此处有必要对各品质（quality）下所包含的数据量进行统计。

▼ count_wine_data.py

```
import matplotlib.pyplot as plt
import pandas as pd

# 读取葡萄酒数据
wine = pd.read_csv("winequality-white.csv", sep=";",
encoding="utf-8")

# 根据数据的品质进行分类，并统计其数量
count_data = wine.groupby('quality')["quality"].count()
print(count_data)

# 将统计数量描绘在图表中
count_data.plot()
plt.savefig("wine-count-plt.png")
plt.show()
```

在Jupyter Notebook中运行该段程序。

```
 # 读取葡萄酒数据
wine = pd.read_csv("winequality-white.csv", sep=";", encoding="utf-8")

 # 根据每种品质数据分类，并统计其数量
count_data = wine.groupby('quality')["quality"].count()
print(count_data)

 # 将统计数量描绘在图表中
count_data.plot()
plt.savefig("wine-count-plt.png")
plt.show()

quality
3        20
4       163
5      1457
6      2198
7       880
8       175
9         5
Name: quality, dtype: int64
```

▲ 葡萄酒各品质数据量分布调查

　　为了便于理解，此程序中对数据进行了可视化处理。在程序中加入count_data.plot()，生成统计结果的图表，之后再使用plt.savefig()将图表保存为文件。通过此程序不难看出，使用Pandas模组可以非常轻松地将持有的数据描绘成图表，另外使用groupby()方法能够获得数据的总计数量。详细内容会在下一节中介绍。

　　将注意力再次放到统计结果中来吧。从数据来看大部分是品质5到品质7的葡萄酒，其他的品质仅有少量的数据，品质2以下及品质10的数据，甚至完全不存在。这种数据分布有差异的情况，被称为"不平衡数据"。

　　基于以上情况，则需要对11种数据重新进行分类，将各品质统合划分为品质4以下、品质5到7、品质8以上三种类型，对应新的标签（0、1、2）。接着在上文程序wine_simple.py的注释（*2）处之前，添加以下代码。

```
 # 替换y的标签数据
newlist = []
for v in list(y):
    if v <= 4:
        newlist += [0]
    elif v <= 7:
```

```
        newlist += [1]
    else:
        newlist += [2]
y = newlist
```

将修正部分加入到之前的程序（wine_simple.py）中，可以得到以下完整的程序。

▼ wine_mod_label.py

```
import pandas as pd
from sklearn.model_selection import train_test_split
from sklearn.ensemble import RandomForestClassifier
from sklearn.metrics import accuracy_score
from sklearn.metrics import classification_report

# 读取数据 --- (*1)
wine = pd.read_csv("winequality-white.csv", sep=";",
encoding="utf-8")
# 将数据分成标签部分与数据部分
y = wine["quality"]
x = wine.drop("quality", axis=1)

# 替换y的标签数据 --- (*2)
newlist = []
for v in list(y):
    if v <= 4:
        newlist += [0]
    elif v <= 7:
        newlist += [1]
    else:
        newlist += [2]
y = newlist

# 划分为学习与测试两部分 --- (*3)
x_train, x_test, y_train, y_test = train_test_split(x, y, test_
size=0.2)

# 进行学习 --- (*4)
model = RandomForestClassifier()
model.fit(x_train, y_train)

# 进行评估 --- (*5)
y_pred = model.predict(x_test)
print(classification_report(y_test, y_pred))
print("正确率=", accuracy_score(y_test, y_pred))
```

把该程序放入Jupyter Notebook中运行，得到的正确率约为95%。

```
正确率= 0.9469387755102041
```

从前后的对比结果中可以看出，正确率得到大幅度的提升！

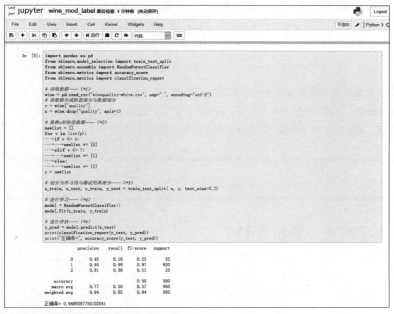

```
In [3]: import pandas as pd
        from sklearn.model_selection import train_test_split
        from sklearn.ensemble import RandomForestClassifier
        from sklearn.metrics import accuracy_score
        from sklearn.metrics import classification_report

        # 读取数据 ―― (*1)
        wine = pd.read_csv("winequality-white.csv", sep=";", encoding="utf-8")
        # 将数据分成标签部分与数据部分
        y = wine["quality"]
        x = wine.drop("quality", axis=1)

        # 替换y的标签数据 ―― (*2)
        newlist = []
        for v in list(y):
            if v <= 4:
                newlist += [0]
            elif v <= 7:
                newlist += [1]
            else:
                newlist += [2]
        y = newlist

        # 划分为学习用与测试用两组 ―― (*3)
        x_train, x_test, y_train, y_test = train_test_split(x, y, test_size=0.2)

        # 进行学习 ―― (*4)
        model = RandomForestClassifier()
        model.fit(x_train, y_train)

        # 进行评价 ―― (*5)
        y_pred = model.predict(x_test)
        print(classification_report(y_test, y_pred))
        print("正确率=", accuracy_score(y_test, y_pred))
```

```
              precision    recall  f1-score   support

           0       0.45      0.16      0.23        32
           1       0.95      0.99      0.97       920
           2       0.91      0.36      0.51        28

    accuracy                           0.95       980
   macro avg       0.77      0.50      0.57       980
weighted avg       0.94      0.95      0.94       980

正确率= 0.9469387755102041
```

▲ 做出少许努力即可大幅改善正确率

　　下面再次对程序进行梳理。注释（*1）处，通过Pandas读取数据，然后将其分为标签部分与数据部分。注释（*2）处，改变标签的分类。注释（*3）处将数据分为学习所用与测试所用两部分。注释（*4）处，利用RandomForestClassifier学习数据。注释（*5）处，使用predict()方法对测试结果进行评估，并将结果显示出来。

备忘录

机器学习的深奥之处

　　本节进行的葡萄酒分类中，通过图表确认了数据分布，根据各标签数据分布情况，将数据重新划分成3类。如果要对新的标签组起名，大概是"0：劣品葡萄酒""1：普通葡萄酒""2：极品葡萄酒"这样吧。虽然根据不同目的所构建的机器学习系统之间会有差异，但只要对原本的数据进行少量加工，精确度就能获得大幅度提升。

在scikit-learn中，即使能很简便地改变算法、调整参数，但是对于最初的程序wine_simple.py来说，将算法改为SVM，或是进行其他各种调整，都不能如此有效地提升精确度。那么只要转换一下视角，对学习前的数据进行调整，就能够让精确度得到大幅度的提升。

只要投入大量的数据之后，就能给出更加符合期望的答案，这样的机器学习当然不是魔法箱子。何种数据要进行怎样的分类？仔细调查过之后，再稍微对数据进行一点预处理，就能够提高结果的精确度。

● 应用提示

本节挑战的虽然是对葡萄酒的品质进行分类，但实际情况中，根据某种成分对某种产品的品质进行自动分类，这种情形出乎意料得多。在此基础之上，如果正常的数据与异常的数据都能准备充足，通过机器学习甚至可以自动检测出异常的产品。

关于机器学习算法"随机森林"

"随机森林（random forests）"，作为使用多棵决策树以提高性能的集成学习之一，因为精确度很高，常用于机器学习之中。

随机森林算法最早是由LeoBreiman于2001年提出的，可以实现高精度的分类、回归、聚类等操作。

该算法是从学习用的数据中抽样生成多颗决策树，再根据生成的决策树以少数服从多数的方式决定结果。"随机森林"的名字也由此而来。

另外，决策树本身作为树形构造图解法的同时，也是一种可以预测、分类的机器学习算法。这是一种精度很低的学习器，被划分为弱学习器。但是在集成学习（ensemble learning）中，决策树的精确度可以得到提高。

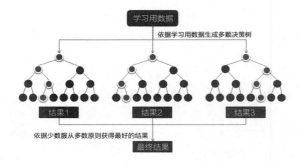

▲ 随机森林的结构

随机森林拥有很快的学习速度，同时也有很高的分类精度，在机器学习中经常使用。在scikit-learn中可以通过RandomForestClassifier调用该算法。

总　结

→ 在UCI机器学习仓库中，能够找到大量类似葡萄酒品质数据等，用于机器学习的独特练习题材。

→ 使用随机森林挑战葡萄酒品质分类问题。

→ 在机器学习中提高分类精度时，除了改变所用算法以外，也可以分析原有数据的特点，通过对数据进行变形达到目的。

第1章

第2章

第3章

第4章

第5章

第6章

2-4

研究过去10年的气象数据

在本节中将会尝试解析过去10年间的气象数据，以过去的气温数据作为题材，介绍对数据进行统计与解析的方法。另外，还会利用机器学习预测明天的气温。

相关技术（关键词）	应用场景
● 气象数据 ● Pandas库 ● scikit-learn ● 线性回归模型（LinearRegression）	● 数据解析 ● 需求预测

分析气象数据

本节中，将会制作用于预测明日气温的机器学习程序。为此，先要介绍如何获取过去的气象数据。同时，为了对机器学习中大量未整理的数据进行预处理，还会说明Python数据解析库Pandas的使用方法。那么就按照顺序依次进行讲解吧。

获取过去10年间天气预报数据的方法

首先进行数据分析的准备工作，下载作为分析对象的气象数据。过去的气象数据可以从日本气象厅的网站上获取。（译注：如果日本气象厅网页打开速度过慢，建议使用代理）

下载过去的气象数据
[URL] http://www.data.jma.go.jp/gmd/risk/obsdl/index.php

下面从日本气象厅网站下载东京过去10年的平均气温数据，按照图中的指示选择地点为东京。

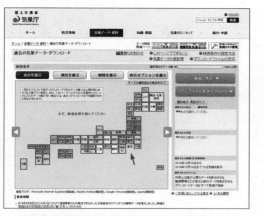

▲ 从气象厅网站下载过去的数据：选择地点

　　然后切换到项目选择中，选择日平均气温。接着切换到时间选择中，指定时间范围为2006/01/01至2016/12/31。最后按照指示单击对应的按钮，下载CSV文件至本地。（按照前后文的图片顺序，依次按照指示即可完成下载）

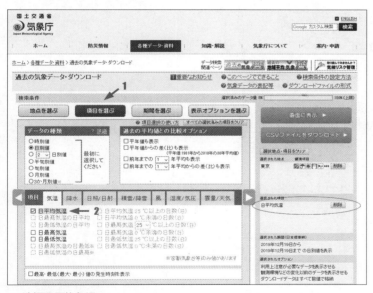

▲ 选择日平均气温

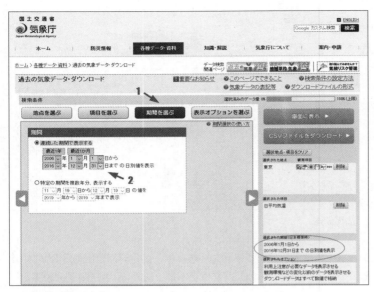

▲ 时间指定为10年间

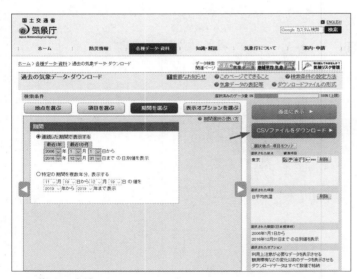

▲ 下载CSV文件

　　按照以上步骤进行操作，即可获得CSV文件data.csv。使用Excel打开后可以看到以下内容。
　　（译注：如果Excel打开后包含乱码，可能需要将编辑语言改为日文才能正常显示，或使用其他文本显示软件打开）

▲ 在Excel中打开下载的气象数据CSV文件

因为原始数据中包含有多余的内容，需要将1、2、3、5行去掉（译注：请不要着急手动删除），并整理成更易于使用的形式。首先，启动Jupyter Notebook，上传CSV文件data.csv。单击页面右上角的Upload按钮，然后选择文件，确认文件名并单击右方的"上传"按钮，即可在文件列表中看到data.csv文件。

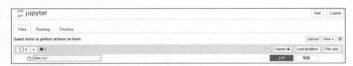

▲ Jupyter Notebook中可上传任意文件

接着在Jupyter Notebook中建立新记事本。依次单击页面右上角的New→Python 3选项，创建新记事本。键入下文的程序，并运行之后，能够将CSV文件data.csv整理并保存为kion10y.csv文件。

▼ csv_trim_header.py

```
in_file = "data.csv"
out_file = "kion10y.csv"

# 逐行读取CSV文件 ---(*1)
with open(in_file, "rt", encoding="Shift_utf-8") as fr:
    lines = fr.readlines()

# 删除表头，并加入新的表头 ---(*2)
lines = ["年,月,日,气温,品质,均质\n"] + lines[5:]
lines = map(lambda v: v.replace('/', ','), lines)
```

```
result = "".join(lines).strip()
print(result)

# 将结果保存至文件中 ---(*3)
with open(out_file, "wt", encoding="utf-8") as fw:
    fw.write(result)
    print("saved.")
```

然后会生成以下CSV文件。

```
年,月,日,气温,品质,均质
2006,1,1,3.6,8,1
2006,1,2,4.0,8,1
2006,1,3,3.7,8,1
2006,1,4,4.0,8,1
2006,1,5,3.6,8,1
...
```

下面对程序进行梳理。注释（*1）处，读取文件。因为使用了with语句，打开的文件会自动关闭。另外，无论是Excel等软件保存的CSV文件，或是包含有日语的普通CSV文件，大多数文字编码均为Shift_JIS。因此，如果不添加encoding选项，会无法正确读取文字数据。

注释（*2）处，去除原有表头，并添加新的表头。"年/月/日"会换成"年，月，日"，所以对应数据部分也需要分成年月日三份。

注释（*3）处，处理后的数据会保存至文件中。为了便于操作，以UTF-8编码保存。

该程序从文件中逐行读取数据，经过必要处理后再写入新文件中，作为Python对文件进行替换处理的具体案例，可以多加参考。

在Colaboratory中获取气温数据的方法

若是在Colaboratory中进行操作，上文中逐步制作的数据文件，可以直接获取并使用。运行下文中的程序，会直接在Colaboratory虚拟机中下载数据文件。

```
# 下载文件
from urllib.request import urlretrieve
urlretrieve(
    "https://raw.githubusercontent.com/kujirahand/mlearn-sample/
master/tenki2006-2016/kion10y.csv",
    "kion10y.csv")
# 显示数据
import pandas as pd
pd.read_csv("kion10y.csv")
```

```
# 下载文件
from urllib.request import urlretrieve
urlretrieve("https://raw.githubusercontent.com/kujirahand/mlearn-sample/master/tenki2006-2016/kion10y.csv",
# 显示数据
import pandas as pd
pd.read_csv("kion10y.csv")
```

	年	月	日	气温	品质	均质
0	2006	1	1	3.6	8	1
1	2006	1	2	4.0	8	1
2	2006	1	3	3.7	8	1
3	2006	1	4	4.0	8	1
4	2006	1	5	3.6	8	1
...	...	...	...	...	...	...
4013	2016	12	27	11.1	8	2
4014	2016	12	28	6.0	8	2
4015	2016	12	29	4.3	8	2
4016	2016	12	30	6.0	8	2
4017	2016	12	31	6.3	8	2

4018 rows × 6 columns

▲ 在Colaboratory中下载数据

求气温的平均值

　　本节到此为止，需要分析的数据已经整理完毕。下面将利用Pandas库，对10年间的数据进行分析。

　　首先是对10年间的数据进行统计，计算年日平均气温 。虽然想必各位读者均已知晓计算方式，但以防万一，此处列出计算平均值的公式。

扫码看视频

$$平均值 = \frac{数据总和}{数据数量}$$

开始制作计算10年间日平均气温的程序吧。

▼ day_average.py

```
import pandas as pd

# 使用Pandas读取CSV文件 ---(*1)
df = pd.read_csv("kion10y.csv", encoding="utf-8")

# 各年的日气温总和列表 ---(*2)
md = {}
for i, row in df.iterrows():
    m, d, v = (int(row['月']), int(row['日']), float(row['气温']))
    key = str(m) + "/" + str(d)
    if not(key in md): md[key] = []
    md[key] += [v]
```

```
# 计算年平均日气温 ---(*3)
avs = {}
for key in md:
    v = avs[key] = sum(md[key]) / len(md[key]) # ---(*4)
    print("{0} : {1}".format(key, v))
```

在Jupyter Notebook中插入新单元格，输入上述程序并运行，将会显示以下结果。

```
1/1 : 6.0
1/2 : 6.545454545454546
1/3 : 6.145454545454546
1/4 : 6.1
1/5 : 6.4818181818181815
1/6 : 6.663636363636363
1/7 : 6.290909090909091
...
```

看起来已经成功计算出了平均气温。接下来对程序进行梳理。注释（*1）处，利用Pandas读取之前生成的10年间气温记录CSV文件kion10y.csv。变量df中存入的则是，Pandas里read_csv()方法的DataFrame型返回对象。

注释（*2）处，创建字典（Dictionary），并且以"年/月"作为键，存入了各年全部的日气温数据。然后使用for语句和df.iterrows()方法，逐行处理DataFrame数据。在for语句块中，虽然可以直接计算出各年日气温总和，但存在诸如闰年等意外情况，会导致数据的数量不一致，因此直接将所有的数据都存入字典中。

注释（*3）处，计算字典中各值的平均数，并且显示在页面中。

注释（*4）处，可以说是整个程序的核心，各年日气温列表通过sum()函数计算出总和，再除以当日列表中包含气温的数量，计算出最后的平均值。

尝试获取任意一天的平均气温

试着获取日平均气温中任意一天的数据，例如11月3日的平均气温。在前文的程序中，已经计算出平均气温并存入列表变量avs中，那么在Jupyter Notebook中键入以下内容即可得知结果。

```
avs["11/3"]
```

```
1/10 : 6.063636363636363535
1/11 : 5.972727272727272
1/12 : 5.045454545454546
1/13 : 5.427272727272728
1/14 : 5.090909090909092
1/15 : 5.436363636363636365
1/16 : 5.65454545454545454
1/17 : 5.627272727272726
1/18 : 5.045454545454546
1/19 : 6.063636363636363535
```

```
In [4]:  avs["11/3"]

Out[4]:  15.48181818181818
```

▲ 查询11月3日的平均气温

　　由此可以得知，11月3日的平均气温在15摄氏度左右。顺便说一下，2017年11月3日的单日平均气温是16.2摄氏度，虽然与往年相比稍微暖和了一点，但并没有偏离平均气温太多。（译注：2019年11月3日东京平均气温15.8摄氏度）

查询各月份的平均气温

　　虽然前文的程序中，非常笨拙地逐行处理了DataFrame数据，但是在Pandas模块中，可以使用DataFrame的groupby()函数，将特定的数据成组求和。

扫码看视频

▼ month_average.py

```
import matplotlib.pyplot as plt
import pandas as pd
# 读取CSV文件 ---(*1)
df = pd.read_csv("kion10y.csv", encoding="utf-8")
# 计算每月平均气温 ---(*2)
g = df.groupby(['月'])["气温"]
gg = g.sum() / g.count()
# 输出结果 ---(*3)
print(gg)
gg.plot()
plt.savefig("month_temperature_average.png")
plt.show()
```

　　在Jupyter Notebook中运行该程序，将会显示以下结果。

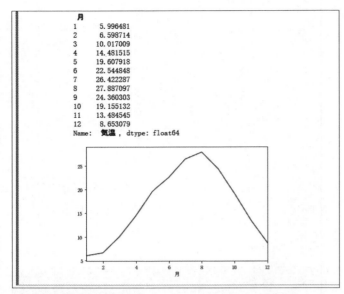

▲ 显示每月平均气温附图表

接下来对程序进行梳理。注释（＊1）处，使用Pandas读取CSV文件。

注释（＊2）处，使用groupby()方法，根据月份进行分组，获取气温数据。然后使用g.sum()函数计算每月气温总和，g.count()方法获得每月的气温数据量，两者相除得到平均气温。

注释（＊3）处，将注释（＊2）处得到的各年平均逐月气温显示出来。（译注：如果出现警告RuntimeWarning: Glyph missing from current font，意为图表缺少用于显示的字体，请尝试在最后一行代码plt.show()之前插入plt.rcParams['font.sans-serif']=['SimHei']和plt.rcParams['axes.unicode_minus']=False，手动设置中文字体为黑体，下同）

气温超过30摄氏度的有多少天？——使用Pandas过滤

使用同样的方法，试着查询各年有多少天的平均气温超过30摄氏度。

扫码看视频

▼ over30.py

```python
import matplotlib.pyplot as plt
import pandas as pd
# 读取文件
df = pd.read_csv('kion10y.csv', encoding="utf-8")
# 查询气温超过30摄氏度的数据 ---(*1)
atui_bool = (df["气温"] > 30)
# 提取数据 ---(*2)
atui = df[atui_bool]
# 计算每年数量 ---(*3)
cnt = atui.groupby(["年"])["年"].count()
```

```
# 输出
print(cnt)
cnt.plot()
plt.savefig("day_over30.png")
plt.show()
```

在Jupyter Notebook中运行该程序，将显示以下结果。

```
年
2006     2
2007    11
2008     5
2010    21
2011     9
2012     8
2013    16
2014    12
2015     7
2016     1
```

另外，在Jupyter Notebook中执行程序后，将附有以下图表，说明2010年是真的很热。

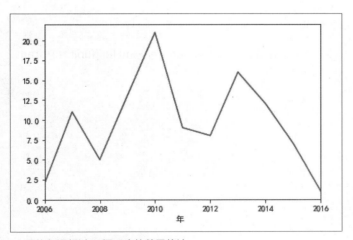

▲ 平均气温超过30摄氏度的数量统计

下面继续来梳理程序。注释（*1）处，查询气温超过30摄氏度的数据。atui_bool中保存的内容为，由各行bool型判断结果（True或False）所组成的列表。

注释（*2）处，向DataFrame型数据中传入前面bool型组成的列表，然后仅提取True行所对应的数据，形成新的DataFrame数据并返回。

注释（*3）处，使用groupby()根据年进行分组并求和，最后统计天数。

使用回归分析来预测明天的气温

扫码看视频

现在，在对气温数据以及Pandas有足够理解的情况下，可以着手使用机器学习进行气温的预测了。目前已有2006年到2016年的气温数据，所以2015年及以前的数据用于学习，2016年的数据用于测试。

对气温进行预测的程序如下所示。提供过去6天的数据后，可以对明天的气温做出预测。

▼ predict_temperature.py

```python
from sklearn.linear_model import LinearRegression
import pandas as pd
import numpy as np
import matplotlib.pyplot as plt

# 读取10年间的气温数据
df = pd.read_csv('kion10y.csv', encoding="utf-8")

# 将数据分成学习所用与测试所用两部分 ---(*1)
train_year = (df["年"] <= 2015)
test_year = (df["年"] >= 2016)
interval = 6

# 过去6天的数据作为学习数据 ---(*2)
def make_data(data):
    x = [] # 学习数据
    y = [] # 结果
    temps = list(data["气温"])
    for i in range(len(temps)):
        if i < interval: continue
        y.append(temps[i])
        xa = []
        for p in range(interval):
            d = i + p - interval
            xa.append(temps[d])
        x.append(xa)
    return (x, y)

train_x, train_y = make_data(df[train_year])
test_x, test_y = make_data(df[test_year])

# 进行线性回归分析 ---(*3)
lr = LinearRegression(normalize=True)
lr.fit(train_x, train_y) # 学习
pre_y = lr.predict(test_x) # 预测
```

```
# 使用图表绘制结果 ---(*4)
plt.figure(figsize=(10, 6), dpi=100)
plt.plot(test_y, c='r')
plt.plot(pre_y, c='b')
plt.savefig('predict.lr.png')
plt.show()
```

如果想要查看程序运行后的结果，在Jupyter Notebook中直接运行代码即可。

之后将看到以下图表。蓝色的线是预测的气温变化，红色线条是实际的气温变化。从图中可以看出来，预估结果大体上是正确的。

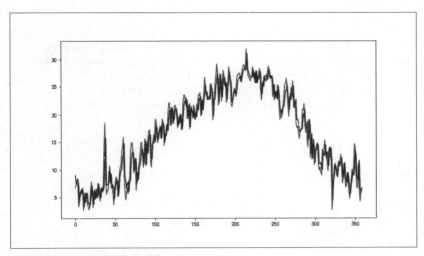

▲ 气温预测结果与实际气温对比

接下来还是对程序进行梳理。注释（*1）处，将数据分为学习所用与测试所用两部分。学习用的是从2006年至2015年9年间的气温数据。既然2006年之后9年数据均用于学习，那么最后剩下的2016年的数据就用于测试。

注释（*2）处，定义了函数make_data()，用于生成学习用的数据。因为在本次设计中是输入过去6天的数据来预测明天的气温，所以变量x中保存过去6天的数据作为输入数据，而变量y中存入的明日气温则作为正确答案，存储类型均为列表。

注释（*3）处，使用scikit-learn的LinearRegression类进行线性回归分析。scikit-learn中提供了各种各样机器学习用的模型，而其中最优秀之处，是众多模型都提供了同样的API，无论是哪种模型，都可以使用fit()进行学习，predict()进行预测。

最后注释（*4）处，使用图表绘制出预测结果。实际的气温变化是红色线条，预测的结果为蓝色线条，可以看到两条线大体上是重合的。

对结果进行评价

已经确认预测结果与实际情况大致相同，但是具体相似度有多高，还需要通过数字来展示。在运行过前文中的程序之后，进行以下操作来实际确认一下吧。

原本变量pre_y中存放的就是机器学习预测后的气温，而test_y中则是实际气温。那么在Jupyter Notebook中新建单元格，键入以下内容即可展示两边的差值。

```
pre_y - test_y
```

运行程序之后会显示以下数据。

```
array([-1.95949652,  2.02098954,  0.17475934,  2.56149471, -0.05499924,
        0.01417619,  0.85095238,  3.86532092, -0.08645252, -0.64145346,
        0.31465049, -0.97951725,  0.96232148,  3.12090626, -1.5531638 ,
        1.76408225, -1.42787575, -0.0095096 ,  1.83854658,  0.9802277 ,
        1.20345178, -0.3962914 , -2.17222796, -1.65975765,  1.92760924,
        ...
])
```

运行以下程序，能够得知具体有多大误差。

```
diff_y = abs(pre_y  - test_y)
print("average=", sum(diff_y) / len(diff_y))
print("max=", max(diff_y))
```

在Jupyter Notebook中运行后，会显示以下结果。平均误差约为1.66摄氏度，最大误差约为8.47摄氏度。仅就平均误差而言，预测结果还是相当准确的。

```
average= 1.6640684971954256
max= 8.471949619908472
```

```
In [20]:  diff_y = abs(pre_y - test_y)
          print("average=", sum(diff_y) / len(diff_y))
          print("max=", max(diff_y))

          average= 1.6640684971954256
          max= 8.471949619908472
```

▲ 平均温差与最大温差

应用提示

　　本节中制作的机器学习程序，可以用于"气温变化与销量"等场景。气温变化与啤酒销量有关联，因此能够依据气温预测销量。而气温预测程序，可以根据过去6天的气温，预测明日气温。那么，除了明日的气温，同样提供啤酒销量等数据作为正确预测目标，就能够应用于各类预测程序。

总　结

➡ 可以应用从日本气象厅下载的往年气象数据。

➡ 使用Pandas能够简单地从CSV文件中获取数据并进行统计。

➡ 需要预测销量等数据时可以使用回归分析。

➡ 作为线性回归的实例，本节介绍了明日气温预测程序。

第1章

第2章

第3章

第4章

第5章

第6章

2-5

寻找最合适的算法与参数

到此为止，本书已经介绍过数项算法以及相关参数。但是，scikit-learn中预存有大量的算法，在实际工作中运用机器学习时，很容易就遇到一个问题：如何才能找到最适合的算法及参数？本节将会就此问题进行说明。

相关技术（关键词）	应用场景
● all_estimators()方法	● 寻找最合适的算法
● 交叉验证	● 寻找最合适的参数
● 网格搜索	

寻找最合适的算法

首先以鸢尾花分类程序作为示例，说明如何寻找最适合的算法。前文中的鸢尾花分类程序，是在参考了算法速查表后选择的算法，回顾由accuracy_score()方法评估得到的结果，超过96%的正确率算是相当不错的成果。但是，在实际业务场景中使用该程序时，需要考虑以下两点内容。

扫码看视频

	观点	考虑点	解决方法
1	算法的选择	是否存在其他能获得更高正确率的算法	比较各算法的正确率
2	算法的评价	在选用不同样式数据（学习用或测试用）的情况下，是否还能够稳定获得优良的结果	交叉验证

下面，依次评定不同的解决方法。

各算法准确率之间的比较

先制作对各算法正确率进行比较的程序。

首先在Jupyter Notebook中建立新记事本。页面右上角依次单击New→Python 3选项，创建新记事本。

然后在鸢尾花分类程序的基础之上进行修改，最终得到以下程序。

▼ selectAlgorithm.py

```python
import pandas as pd
from sklearn.model_selection import train_test_split
from sklearn.metrics import accuracy_score
import warnings
from sklearn.utils import all_estimators

# 读取鸢尾花数据
iris_data = pd.read_csv("iris.csv", encoding="utf-8")

# 将鸢尾花数据集的标签数据及输入数据分开
y = iris_data.loc[:,"Name"]
x = iris_data.loc[:,["SepalLength","SepalWidth","PetalLength","Petal
Width"]]

# 分为学习所用与测试所用两部分
x_train, x_test, y_train, y_test = train_test_split(x, y, test_size
= 0.2, train_size = 0.8, shuffle = True)

# 获取所有classifier（分类）相关算法 --- (*1)
warnings.filterwarnings('ignore')
allAlgorithms = all_estimators(type_filter="classifier")

ignoreAlgorithms = ["ClassifierChain", "MultiOutputClassifier",
"OneVsOneClassifier", "OneVsRestClassifier","OutputCodeClassifier",
"VotingClassifier", "StackingClassifier"]
for name, algorithm in allAlgorithms :
    if name in ignoreAlgorithms:
        continue

    # 生成各个算法对象 --- (*2)
    clf = algorithm()
    # 学习并评估 --- (*3)
    clf.fit(x_train, y_train)
    y_pred = clf.predict(x_test)
  print(name,"的正确率 = " , accuracy_score(y_test, y_pred))
```

　　在Jupyter Notebook中运行该程序，单击“运行”按钮后，将会显示以下结果。另外，在使用scikit-learn时，会出现由于新算法的参数缺失，导致代码报错的问题。为了能让代码完整执行，可以在ignore Algorithms列表中添加需要跳过的算法。

```
AdaBoostClassifier 的正确率 =  0.9666666666666667
BaggingClassifier 的正确率 =  0.9666666666666667
BernoulliNB 的正确率 =  0.23333333333333334
CalibratedClassifierCV 的正确率 =  0.9
CategoricalNB 的正确率 =  1.0
ComplementNB 的正确率 =  0.7
DecisionTreeClassifier 的正确率 =  0.9666666666666667
DummyClassifier 的正确率 =  0.23333333333333334
ExtraTreeClassifier 的正确率 =  1.0
ExtraTreesClassifier 的正确率 =  1.0
GaussianNB 的正确率 =  1.0
GaussianProcessClassifier 的正确率 =  1.0
GradientBoostingClassifier 的正确率 =  0.9666666666666667
HistGradientBoostingClassifier 的正确率 =  0.9666666666666667
KNeighborsClassifier 的正确率 =  1.0
LabelPropagation 的正确率 =  1.0
LabelSpreading 的正确率 =  1.0
LinearDiscriminantAnalysis 的正确率 =  1.0
LinearSVC 的正确率 =  0.9333333333333333
LogisticRegression 的正确率 =  1.0
LogisticRegressionCV 的正确率 =  1.0
MLPClassifier 的正确率 =  1.0
MultinomialNB 的正确率 =  0.9666666666666667
NearestCentroid 的正确率 =  0.9666666666666667
NuSVC 的正确率 =  1.0
PassiveAggressiveClassifier 的正确率 =  0.9
Perceptron 的正确率 =  0.9666666666666667
QuadraticDiscriminantAnalysis 的正确率 =  1.0
RadiusNeighborsClassifier 的正确率 =  1.0
RandomForestClassifier 的正确率 =  1.0
RidgeClassifier 的正确率 =  0.8666666666666667
RidgeClassifierCV 的正确率 =  0.8666666666666667
SGDClassifier 的正确率 =  0.9666666666666667
SVC 的正确率 =  1.0
```

▲ Jupyter Notebook中运行后的结果

　　注释（*1）处，使用all_estimators()方法，获取所有算法，同时指定参数type_filter的值为classifier，因此最终仅会获得classifier（分类）算法。作为结果，all_estimators()方法将会返回元组列表（包含算法名与实际算法类）。另外，实际运行时，会有FutureWarning（表示将来会有变化）等警告，为了便于展示结果，使用了filterwarnings()方法传入参数ignore来屏蔽警告。

　　注释（*2）处，生成各算法的对象。

　　注释（*3）处，与之前的程序相同，使用fit()方法进行学习，并通过predict()方法及accuracy_score()方法对结果进行评估。

　　由此，在all_estimators()方法的帮助下，对各个算法的正确率进行了比较。接下来，将会介绍交叉验证的相关内容。

交叉验证

前文中的程序对各个算法的正确率进行了比较，但仅仅只是一次评估，且使用的数据（学习和测试两部分）也完全相同。实际上在工作中选择算法时，为了能选择出最好的算法，同时获得稳定且良好的结果，会准备多种数据用于评估。这种情况下，就需要使用"交叉验证（cross-validation）"。另外，学习数据过少时，为了提高评估的可靠性，也会经常使用交叉验证。

交叉验证是评价算法可靠性与稳定性的方法之一，偶尔也被称作"循环估计（Rotation Estimation）"。交叉验证有多种形式，本书此处使用K折交叉验证对算法进行评估。

在K折交叉验证中，会将数据分为K组，其中K-1组用于学习，单独1组用于评估模型，重复K次进行验证。具体方法如下所示。

● **将数据分为A、B、C三组。**
● **A和B作为学习数据，C用于评估模型，计算正确率。**
● **B和C作为学习数据，A用于评估模型，计算正确率。**
● **C和A作为学习数据，B用于评估模型，计算正确率。**

上述情形中，将数据分为了3组，因此是3折交叉验证。

事不宜迟，现在就来尝试K折交叉验证吧。scikit-learn中已经附带有交叉验证的功能，能够很方便地使用。

在Jupyter Notebook中创建新记事本。依次单击页面右上的New→Python 3选项，新建记事本，然后键入以下程序。

▼ cross_validation.py

```
import pandas as pd
from sklearn.utils import all_estimators
from sklearn.model_selection import KFold
import warnings
from sklearn.model_selection import cross_val_score

# 读取鸢尾花数据集
iris_data = pd.read_csv("iris.csv", encoding="utf-8")

# 分离鸢尾花数据集中的标签数据与输入数据
y = iris_data.loc[:,"Name"]
x = iris_data.loc[:,["SepalLength","SepalWidth","PetalLength","Petal
Width"]]

# 获取所有classifier（分类）算法
allAlgorithms = all_estimators(type_filter="classifier")
warnings.filterwarnings("ignore")

# K折交叉验证对象 --- (*1)
kfold_cv = KFold(n_splits=5, shuffle=True)
```

```
ignoreAlgorithms = ["ClassifierChain", "MultiOutputClassifier",
"OneVsOneClassifier", "OneVsRestClassifier",
                    "OutputCodeClassifier", "VotingClassifier",
"StackingClassifier"]
for (name, algorithm) in allAlgorithms :
    if name in ignoreAlgorithms:
        continue
    # 生成各算法对象
    clf = algorithm()

    # 仅处理拥有score属性的类--- (*2)
    if hasattr(clf,"score"):
        # 进行交叉验证--- (*3)
        scores = cross_val_score(clf, x, y, cv=kfold_cv)
        print(name,"的正确率=")
        print(scores)
```

接着在Jupyter Notebook中运行该程序。单击"运行"按钮，将显示以下结果。（译注：与之前相同，需要自行过滤掉参数缺失的算法，详见selectAlgorithm.py之后的译注）

```
AdaBoostClassifier 的正确率=
[0.9         1.          0.96666667 0.93333333 0.96666667]
BaggingClassifier 的正确率=
[1.          0.9         0.93333333 0.96666667 0.96666667]
BernoulliNB 的正确率=
[0.2         0.3         0.2         0.26666667 0.16666667]
CalibratedClassifierCV 的正确率=
[0.9         1.          0.9         0.86666667 0.86666667]
......
```

每个算法都分别显示了5次结果，换言之，该程序完成了5折交叉验证。下面对程序进行梳理。

注释（*1）处，生成K折交叉验证使用的对象，此处设置了以下两项参数。

	参数	说明
1	n_split	指定数据划分的组数
2	shuffle	数据分组时，是否随机获取数据

注释（*2）处，确认当前算法是否拥有score()方法。交叉验证中调用的cross_val_score()方法，其使用的前提条件就是拥有score()方法。

注释（*3）处，调用cross_val_score()方法进行交叉验证。传入的4项参数相关说明如下所示。

	参数	说明
1	clf	算法对象
2	x	输入数据
3	y	标签数据
4	cv	交叉验证对象

第4项参数cv，也可以输入一个整数。当输入整数时，cross_val_score()方法将会调用KFold类或者StartifiedKfold类（算法为ClassifierMixin的派生类时调用StartifiedKFold类，其他情况则调用KFold类）。因为此程序中仅仅使用KFold类进行交叉验证，所以指定了KFold类对象。

至此，调用all_estimators()方法并使用交叉验证，就能够选择最合适的算法。但是，可能已经有读者注意到了，各个算法对象生成时，使用的是默认参数。因而，对于作为候补的各算法来说，还需要找到最适合的参数。那么接下来就学习该如何寻找最合适的参数。

寻找最合适的参数

迄今为止，已经尝试过各种各样的算法，生成各算法对象的时候，基本上使用的都是默认参数。但是，实际工作中通常都会对数项参数进行手动调整。这类需要事先设定的参数被称为"超参数"。本书将使用网格搜索寻找最合适的超参数。

扫码看视频

网格搜索

网格搜索是调整超参数的方法之一，对于设定好的参数，比较其全部组合的正确率，从而选择最高正确率的参数组合。scikit-learn中带有网格搜索的功能，可以很方便地进行使用。

首先在Jupyter Notebook中创建新记事本。依次单击页面右上角的New→Python 3选项，新建记事本，然后键入以下程序。

▼ gridSearch.py

```python
import pandas as pd
from sklearn.model_selection import train_test_split
from sklearn.svm import SVC
from sklearn.metrics import accuracy_score
from sklearn.model_selection import KFold
from sklearn.model_selection import GridSearchCV

# 读取鸢尾花数据集
iris_data = pd.read_csv("iris.csv", encoding="utf-8")

# 分离鸢尾花数据集中的标签数据与输入数据
y = iris_data.loc[:,"Name"]
x = iris_data.loc[:,["SepalLength","SepalWidth","PetalLength","Petal
Width"]]
```

```
# 将数据分为学习和测试两部分
x_train, x_test, y_train, y_test = train_test_split(x, y, test_size
= 0.2, train_size = 0.8, shuffle = True)

# 准备网格搜索用的参数 --- (*1)
parameters = [
    {"C": [1, 10, 100, 1000], "kernel":["linear"]},
    {"C": [1, 10, 100, 1000], "kernel":["rbf"], "gamma":[0.001,
0.0001]},
    {"C": [1, 10, 100, 1000], "kernel":["sigmoid"], "gamma": [0.001,
0.0001]}
]

# 进行网格搜索 --- (*2)
kfold_cv = KFold(n_splits=5, shuffle=True)
clf = GridSearchCV( SVC(), parameters, cv=kfold_cv)
clf.fit(x_train, y_train)
print("最优参数 = ", clf.best_estimator_)

# 使用最优参数进行模型评估 --- (*3)
y_pred = clf.predict(x_test)
print("正确率 = " , accuracy_score(y_test, y_pred))
```

在Jupyter Notebook中运行该程序。单击"运行"按钮后，将显示以下结果。

```
最优参数 =  SVC(C=1, cache_size=200, class_weight=None, coef0=0.0,
  decision_function_shape='ovr', degree=3, gamma='auto_deprecated',
  kernel='linear', max_iter=-1, probability=False, random_state=None,
  shrinking=True, tol=0.001, verbose=False)
正确率 =  1.0
```

程序结果显示的是最优参数，以及使用该参数时该模型的正确率。在2-2节"尝试挑战鸢尾花分类"中，使用默认参数获得了"正确率 =0.9666666666666667"的结果，可以看到，经过网格搜索后，使用最优参数提升了正确率。下面梳理一下该程序。

注释（*1）处，创建用于网格搜索的参数，参数需要为字典或者字典数组。其中，参数名作为键，参数则为值。此处准备了数个SVC算法相关的参数。

注释（*2）处，使用GridSearchCV对象进行网格搜索。首先需要生成GridSearchCV对象。程序中设定了以下3项参数。

	参数	说明
1	SVC()	算法的对象
2	parameters	注释（*1）处创建的参数列表
3	cv	交叉验证所用的对象

因为传入了参数cv，所以GridSearchCV对象并不会设定参数并逐个试行比较结果，而是使用交叉验证筛选出最优参数。

然后，调用fit()方法进行网格搜索。调用fit()方法后，将会筛选出最优参数，并自动设定到之前传入GridSearchCV里的算法对象中。筛选出来的最优参数，可以使用best_estimator_进行查看。

注释（*3）处，使用最优参数预测结果并评估模型。与之前相同，调用predict()方法进行预测，accuracy_score()方法计算正确率。

总结前文所述，使用网格搜索就能够获得最合适的参数。

改良提示

调整超参数时，还有一种方法为随机搜索。在scikit-learn中使用随机搜索也很简单，只要将GridSearchCV替换为RandomizedSearchCV对象就可以了。在需要更加周密地调整参数时，可以同时进行网格搜索与随机搜索，选择结果中正确率更高的参数即可。

总　结

→ 通过all_estimators()方法以及交叉验证，能够筛选出最优算法。

→ 通过网格搜索，能够找出最优参数。

关于NumPy

NumPy是Python中的数值计算库。使用NumPy，可以很轻松地进行矩阵计算。在机器学习的实践过程中，必然会使用到NumPy，因而，在此简单地对NumPy的使用方法进行总结。

在使用NumPy时，需要键入以下代码，这意味着可以通过np来调用NumPy模块。

```
import numpy as np
```

● NumPy数组初始化

要使用NumPy进行矩阵计算，需要先生成NumPy数组（初始化）。

```
a = np.array([1, 2, 3, 4, 5])
print(a)
print(type(a))
```

083

运行程序后将会看到以下内容。另外，NumPy数组实际上是名为numpy.ndarray的对象。

```
[1 2 3 4 5]
<class 'numpy.ndarray'>
```

使用NumPy生成二维数组，键入以下内容。

```
b = np.array([[1, 2, 3], [4, 5, 6]])
print(b)
```

运行程序后，将显示以下内容。

```
[[1 2 3]
 [4 5 6]]
```

直接将数组全部初始化为0时，可以使用np.zeros()函数。

```
print(np.zeros(10))
print(np.zeros((3, 2)))
```

运行程序后，将会显示以下内容。如果通过元组向np.zeros()中输入多个数值，可以生成指定维度的数组，并全部用0进行初始化。

```
[0. 0. 0. 0. 0. 0. 0. 0. 0. 0.]
[[0. 0.]
 [0. 0.]
 [0. 0.]]
```

另外，虽然此处并没有详细介绍，但是使用np.ones()函数，可以生成由1初始化的数组。使用方法与np.zeros()函数相同。

接下来介绍的是np.arange()函数，可以生成等差数列。

```
print(np.arange(5))
print(np.arange(2, 9))
print(np.arange(5, 8, 0.5))
```

运行之后将显示以下内容。具体用法为"np.arange(首项，末项-1，公差)"。

```
[0 1 2 3 4]
[2 3 4 5 6 7 8]
[5.  5.5 6.  6.5 7.  7.5]
```

● 矩阵运算

　　NumPy最强大之处，在于可以使用非常简便的方式描述矩阵计算。尝试进行简单快捷的矩阵计算吧。

```
a = np.array([1, 2, 3, 4, 5]) # 初始化
b = a * 2 # 计算
print(b)
```

　　运行程序之后，将显示以下内容，重点是前文代码中第2行的计算部分。对NumPy数组乘以2之后，会适用于数组中所有的数值。

```
[ 2  4  6  8 10]
```

　　再尝试一次。

```
x =  np.arange(10)
y = 3 * x  + 5
print(y)
```

　　运行程序后，将显示以下内容。

```
[ 5  8 11 14 17 20 23 26 29 32]
```

● 查询NumPy数组的维数

　　在机器学习中，会经常使用NumPy处理多元数组。在数据很复杂的情况下，想要调查其维数时，只要查看NumPy数组的shape属性，就可以获取维数。

```
a = np.array([[1, 2, 3], [4, 5, 6]])
print(a.shape)

b = np.array([[1, 2, 3], [4, 5, 6], [7, 8, 9]])
print(b.shape)
```

　　运行程序之后，将显示以下内容。

```
(2, 3)
(3, 3)
```

● 改变NumPy数组的维数

　　NumPy数组的便捷之处，还体现在能够简单地改变数组的维数。对二元数组使用flatten()方法，可以使其降为一元数组。

085

```
a = np.array([[1, 2, 3], [4, 5, 6]])
print("a=", a)
b = a.flatten()
print("b=", b)
```

运行程序之后，将显示以下内容。

```
a= [[1 2 3]
 [4 5 6]]
b= [1 2 3 4 5 6]
```

同时，可以使用reshape()方法，将数组改变至任意维度。

```
a = np.array([[1, 2, 3], [4, 5, 6]])
print(a)
print(a.reshape(3, 2))
```

运行程序之后，将显示以下内容。

```
[[1 2 3]
 [4 5 6]]
[[1 2]
 [3 4]
 [5 6]]
```

● 通过索引访问NumPy数组

NumPy数组与Python标准数组相同，可以通过索引访问，也能够获取指定范围的内容（切片）。

```
v = np.array([[1, 2, 3], [4, 5, 6], [7, 8, 9]])
a = v[0]
b = v[1:]
c = v[: , 0]
print("a=", a)
print("b=", b)
print("c=", c)
```

运行程序后，将显示以下内容。

```
a= [1 2 3]
b= [[4 5 6]
 [7 8 9]]
c= [1 4 7]
```

变量a是从v中取出索引0的内容。变量b是取出索引1以后的所有内容。变量c稍微有些不好理解，取出的是二元数组里，每个数组中索引0的内容。

```
```

第 3 章

OpenCV与机器学习
——图像、视频入门

本章将会说明如何在机器学习中处理图像与视频，同时会特别介绍如何使用OpenCV视觉库。使用的题材包括人脸识别、明信片上邮政编码的辨识、提取视频中出现大量热带鱼的画面等。

|3-1|
OpenCV相关

对于加工图像和视频的程序来说，OpenCV是处理过程中不可或缺的库。本节中将会介绍何为OpenCV，以及相关使用方法。

相关技术（关键词）	应用场景
● OpenCV相关	● 图像处理

OpenCV是什么？

OpenCV（Open Source Computer Vision Library）是开源的图像（动画）库，最早由英特尔公司开发并公布。使用该视觉库不但可以改变图像的格式、进行滤波处理，甚至能够完成人脸识别、物品辨别，以及文字辨识等多种图像相关的任务。因为兼容的操作系统使用广泛且许可协议宽松，在各类产品中均有所应用。

▲ OpenCV的网页

OpenCV的网站
[URL] https://opencv.org

● 可运行操作系统：Windows、macOS、Linux、Android、iOS

●许可协议：BSD许可（可用于商业用途）

与机器学习之间的关联

在机器学习中，OpenCV又有怎样的运用呢？为了将图像提供给机器学习，需要先把图像转换为数组数据。图像有BMP、PNG、JPEG等多种完全不同的常用格式，另外使用的图像有时候为黑白两色，有的却又是全彩色。为此，需要利用OpenCV来调整图像的格式及颜色数量等。用于机器学习的图像不一定需要使用原始尺寸，可以依靠OpenCV调整图像大小，或者根据需要进行裁剪，仅提取必要的部分。

OpenCV为IoT设备提供支持

前文提到OpenCV支持Linux操作系统，这意味着可以在基于Linux的单板计算机（例如Raspberry Pi）上运行OpenCV和Python。如此一来只要使用OpenCV，在IoT终端上也能够对图像进行基本的处理，然后再提供给机器学习使用。

如果是小型的机器学习系统，在一台Raspberry Pi上也可以完整运行程序。而对于更大型的系统来说，则可以使用Raspberry Pi完成图像与视频的捕捉，并将数据传递给服务器，然后在服务器中执行机器学习程序。

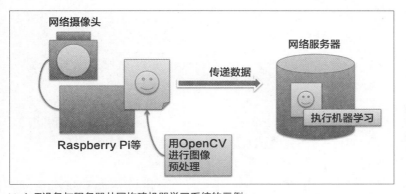

▲ IoT设备与服务器共同构建机器学习系统的示例

导入OpenCV

本书附录中详细介绍了OpenCV的安装方法。

正确完成OpenCV的安装时，执行以下代码将不会有任何错误提示。如果执行代码时报错，代表OpenCV还处于不可使用的状态。打开Jupyter Notebook，执行以下代码即可确认。

```
import cv2
```

尝试读取图像

　　首先学习如何使用OpenCV简单地读取图像。以下程序将会从网络中下载一张图片，通过OpenCV读取图像并输出其像素数据。在Jupyter Notebook中键入以下代码并执行。

扫码看视频

▼ download_imread.py

```
# 下载图像
import urllib.request as req
url = "http://uta.pw/shodou/img/28/214.png"
req.urlretrieve(url, "test.png")

# 使用OpenCV读取
import cv2
img = cv2.imread("test.png")
print(img)
```

　　正确执行程序后会下载一张图片，并将其像素数据显示在页面中。

▲ 使用OpenCV读取图像

　　此处利用urllib.request模块中的urlretrieve()函数从网络中下载图片，然后使用OpenCV中的"cv2.imread(文件名)"即可读取图像。

　　即使粗心大意犯了点错误，导致imread()函数读取图像失败，也只是获得一个返回值None，并不会抛出异常。需要注意的是，这与Python内置的open()函数不完全相同。下面试着打开明显不存在的图像文件作为测试，执行后可以看到返回的结果为None。

```
img = cv2.imread("不存在的文件.png")
print(img)
```

```
In [3]: img = cv2.imread("不存在的文件.png")
        print(img)
        None
```

▲ 读取图像失败后会返回None

使用内联绘图

下面，将下载好的图像直接显示到Jupyter Notebook中。在这之前，需要先启动matplotlib模组的内联后端。在Jupyter Notebook首行中执行以下代码。

```
%matplotlib inline
```

之后，就可以直接在Jupyter Notebook页面中显示图像。找一张合适的JPEG文件，命名为test.jpg并复制到Jupyter Notebook的工作路径下。执行以下程序，即可展示test.jpg的内容。

▼ imshow.py
```
#  将下载好的图像显示在页面在中
import matplotlib.pyplot as plt
import cv2
img = cv2.imread("test.jpg")
plt.imshow(cv2.cvtColor(img, cv2.COLOR_BGR2RGB))
plt.show()
```

▲ Jupyter Notebook上使用内联后端显示图像

简单梳理一下程序。其中重点在倒数第二行的imshow()函数，使用matplotlib.pyplot模组的imshow()就可以输出图像。

但是此处并没有把imread()函数读取到的内容直接交给imshow()，而是先通过cvtColor()函数，将颜色空间由BGR转变为RGB。经过变换后，之前为(255,0,0)的数据会变为(0,0,255)。如果不经过cvtColor()变换，直接使用imshow()显示，图像会呈现出红色与蓝色反转的状况。

这种情况是由于在OpenCV中颜色数据以BGR（蓝绿红）的顺序保存的，而在matplotlib中保存颜色数据则是以RGB（红绿蓝）的顺序，所以需要预先转换颜色空间。

模块	颜色数据使用的颜色空间
OpenCV	BGR即（蓝，绿，红）
matplotlib	RGB即（红，绿，蓝）

另外，可以看到在图像的左边与下边均显示有坐标轴，插入以下代码plt.axis("off")，就能够仅显示图像本身。

```
img = cv2.imread("test.jpg")
plt.axis("off") # 去除坐标轴
plt.imshow(cv2.cvtColor(img, cv2.COLOR_BGR2RGB))
plt.show()
```

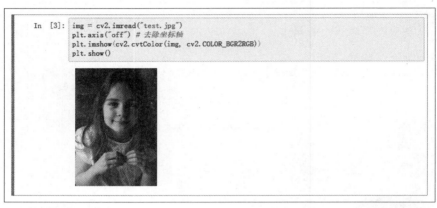

▲ 关闭坐标轴后的图像

关于使用NumPy进行图像滤波处理，以及彩色图像灰度化等颜色空间转换的相关方法，请参考本章末尾的专栏。

保存图像

读取图像并处理之后，需要使用imwrite()函数将其保存为文件。文件后缀名为.png时就会保存为PNG图像，使用.jpg则会保存为JPEG图像。

▼ imwrite.py

```
import cv2

# 读取图像
img = cv2.imread("test.jpg")

# 保存图像
```

```
cv2.imwrite("out.png", img)
```

　　OpenCV支持下列具有代表性的图像格式：BMP、PPM、PGM、PBM、JPEG、JPEG2000、PNG、TIFF、OpenEXR、WebP。

图像大小调整与裁剪

　　机器学习中经常需要对图像的尺寸进行调节，或是截取特定的部分使用。OpenCV中改变图像大小会用到cv2.resize()函数；要取出特定部分时，则需要利用列表的切片。

图像调整

　　下文内容是调整图像大小的示例。为了展示调整图像尺寸后的效果，特意使图像横向大幅度形变。

▼ resize.py

```python
import matplotlib.pyplot as plt
import cv2

# 读取图像
img = cv2.imread("test.jpg")
# 调整图像大小
im2 = cv2.resize(img, (600, 300))
# 保存调整后的图像
cv2.imwrite("out-resize.png", im2)

# 展示图像
plt.imshow(cv2.cvtColor(im2, cv2.COLOR_BGR2RGB))
plt.show()
```

▲ 故意横向形变后的图像

调节图像尺寸的具体参数如下所示。第1项为读取到的图像数据，第2项则是存储变换尺寸的元组。

```
img = cv2.resize(img, (width, height))
```

图像裁剪

尝试剪切出图像中脸部的部分并调整其大小。截取部分图像需要利用列表的切片，参照"列表 [y1:y2,x1:x2]"的格式即可完成图像裁剪。

▼ cut-resize.py

```
import matplotlib.pyplot as plt
import cv2

# 读取图像
img = cv2.imread("test.jpg")
# 截取出部分图像
im2 = img[150:450, 150:450]
# 调整图像大小
im2 = cv2.resize(im2, (400, 400))
# 保存调整后的图像
cv2.imwrite("cut-resize.png", im2)

# 展示图像
plt.imshow(cv2.cvtColor(im2, cv2.COLOR_BGR2RGB))
plt.show()
```

▲ 截取部分图像并调整大小

OpenCV的坐标系

OpenCV中使用的坐标系与Python中通常的图像处理相同，图像左上角的坐标为(0,0)，数值向右下角逐渐增加。

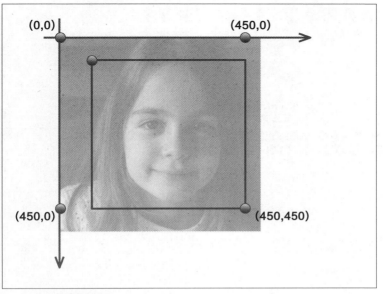

▲ OpenCV的坐标系

应用提示

　　至此，OpenCV的说明以及基本使用方法已经介绍完毕。图像的颜色空间转换、裁剪与大小调整，均为机器学习中处理图像数据时常用的操作，希望各位读者能够熟练掌握。

总　结

➔ OpenCV是跨平台的图像视频处理库。

➔ 机器学习中经常用到颜色空间变换、图像的裁剪及大小调整等操作。

➔ 通过OpenCV读取的图像会保存为NumPy数组，便于在Python中加工处理。

3-2

人脸识别：
自动给脸部添加马赛克

现在的数码相机基本上都带有自动聚焦到人物面部的功能，OpenCV中同样能够检测出人脸的位置。机器学习中经常需要提取出人物的脸部，希望各位读者都能够熟练掌握辨识脸部的方法。本节中将会制作自动给脸部加上马赛克的工具。

相关技术（关键词）	应用场景
● OpenCV ● 人脸识别、人脸检测	● 为保护个人隐私自动给无关人员的脸部加上马赛克 ● 利用人脸识别自动收集带有人物脸部的照片

人脸识别

　　人脸识别，是指自动识别并提取人物脸部的技术。搭载了自动人脸识别的数码相机，能够自动将镜头聚焦在人物脸部，帮助使用者拍摄出消除抖动的照片。在提取出面部特征之后，还可以从大量照片中筛选出特定人物。另外，面部特征检测不仅可以用于安全验证，在Facebook等SNS中，根据提取出的脸部判断照片的共享人，可以自动给照片附上标签。

　　实现人脸识别有各种方法，本书介绍的是OpenCV中的人脸识别方法。在OpenCV中使用名为Haar-like特征分类器的学习机器进行人脸识别。这是级联分类器中的一种，在机器学习中学习目标特征之后，基于学习过的数据进行辨识。

　　简单来说，其工作原理就是利用脸部数据库，确认眼、鼻、口等部位的相对位置关系，从而判断出是否为脸部。脸部照片在灰度化处理之后，明亮的部分会变白，相对阴暗的部分会变暗。比如说人的鼻子在脸部中属于比较明亮的部分，并且鼻子的左右两侧会较暗。在判断某处是否为脸部时，如果中央比较明亮（也就是鼻子）的话，那么就有这种可能性。接着判断眼睛，因为眉毛在眼睛的上方，因此眼睛是上半部分较暗，而下半部分比较明亮。疑似为脸部的区域，会按照上述方法检查是否符合其特征。总而言之，判断是否为脸部的方法，是通过调查各个部位是否符合其应有的明暗模式。

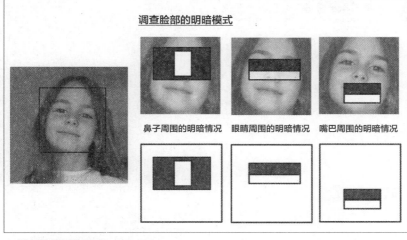

调查脸部的明暗模式

鼻子周围的明暗情况　　眼睛周围的明暗情况　　嘴巴周围的明暗情况

▲ 脸部检测器的原理

尝试制作人脸识别程序

开始制作能够检测出脸部的程序。执行基于OpenCV的人脸识别程序时，需要提供级联文件（人脸各部位的数据库），只有使用该数据库才能完成人脸识别。所以，首先要做的事情就是下载级联文件。

扫码看视频

下载人脸识别级联文件

实际上在OpenCV安装完成之后，安装目录中就已经包含有人脸识别用的级联文件（人脸各部位的数据库）。但是，由于使用的操作系统或Anaconda版本各不相同的原因，本书选择从OpenCV的GitHub仓库中，直接下载最新版本的级联文件。

```
GitHub > opencv > data > haarcascades
[URL] https://github.com/opencv/opencv/tree/master/data/
haarcascades
```

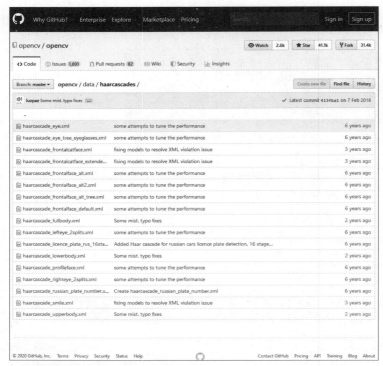

▲ 下载最新版本的人脸识别级联文件

　　不难看出，在人脸识别级联文件中，也包含检测正脸、笑脸、眼睛或全身等各式各样不同的分类。

　　本次选择使用检测正脸的级联文件harrcascade_frontalface_alt.xml。在GitHub中，仅需要单个文件，却不想下载整个数据仓库时，先进入所需文件的页面。单击需要的文件名，然后在数据预览界面单击右上角的Raw按钮，获取并保存文件（需要手动设置文件名以保存为xml格式）。

确认人脸识别的步骤

　　使用OpenCV完成人脸识别，需按照以下步骤进行操作。

(1) 指定级联文件制作检测器。
(2) 读取目标图像并对其灰度化。
(3) 进行人脸识别。

　　按照以上步骤进行人脸识别，并将检测为脸部的区域标记出来，相关程序如下所示。

▼ face-detect.py

```
import matplotlib.pyplot as plt
```

```
import cv2

# 指定级联文件生成检测器 --- (*1)
cascade_file = "haarcascade_frontalface_alt.xml"
cascade = cv2.CascadeClassifier(cascade_file)

# 读取图像并灰度化 --- (*2)
img = cv2.imread("girl.jpg")
img_gray = cv2.cvtColor(img, cv2.COLOR_BGR2GRAY)

# 进行人脸识别 --- (*3)
face_list = cascade.detectMultiScale(img_gray, minSize=(150,150))
# 确认结果 --- (*4)
if len(face_list) == 0:
    print("失败")
    quit()
# 对辨认出的区域做标记 --- (*5)
for (x,y,w,h) in face_list:
    print("脸部所在坐标=", x, y, w, h)
    red = (0, 0, 255)
    cv2.rectangle(img, (x, y), (x+w, y+h), red, thickness=20)

#显示图像
cv2.imwrite("face-detect.png", img)
plt.imshow(cv2.cvtColor(img, cv2.COLOR_BGR2RGB))
plt.show()
```

在Jupyter Notebook中执行该程序，将显示以下图像。

▲ 执行人脸识别程序后的图像

下面对程序进行梳理。程序注释（＊1）处，创建了用于人脸识别的检测器。使用cv2.CascadeClassifier()制作出的检测器可以识别各类物体。只要在传入第1项参数时指定不同的级联文件，就能够检测出各类不同的事物。

注释（＊2）处，读取女孩的图像，并进行灰度变换操作。为何要灰度化的原因与之前介绍的相同，是因为需要依靠物体的明暗变化模式进行检测。

注释（＊3）处，执行人脸识别。使用的是CascadeClassifier.detectMultiScale()方法，传入的第1项参数是灰度化后的图像数据，第2项参数中则是利用关键字参数，指定了minSize的数值，设置脸部识别区域的最小尺寸。

注释（＊4）处，确认检测结果。如果列表为空，则输出提示信息并结束程序。

注释（＊5）处的代码，会在检测出的脸部区域周围绘制一个红色方框，描绘方框使用了cv2.rectangle()函数。最后保存标记好的图像文件，并显示在Jupyter Notebook中。

OpenCV中加载马赛克

OpenCV中虽然有模糊处理以及边缘检测的函数，但是并没有马赛克处理的相关函数，所以需要自行编写一个简单的马赛克函数。创建模块mosaic.py并在其中定义函数mosaic()，相关程序如下所示。

扫码看视频

▼ mosaic.py

```
import cv2

def mosaic(img, rect, size):
    # 获取需要添加马赛克的部分
    (x1, y1, x2, y2) = rect
    w = x2 - x1
    h = y2 - y1
    i_rect = img[y1:y2, x1:x2]
    # 先缩小之后再放大
    i_small = cv2.resize(i_rect, ( size, size))
    i_mos = cv2.resize(i_small, (w, h), interpolation=cv2.INTER_
AREA)
    # 将处理后的图像覆盖至原图中对应的位置
    img2 = img.copy()
    img2[y1:y2, x1:x2] = i_mos
    return img2
```

准备一张合适的图像cat.jpg，然后在Jupyter Notebook中执行以下程序，尝试向图像中添加马赛克。

▼ mosaic-test.py

```
import matplotlib.pyplot as plt
```

```
import cv2
from mosaic import mosaic as mosaic

# 读取图像并添加马赛克
img = cv2.imread("cat.jpg")
mos = mosaic(img, (50, 50, 450, 450), 10)

# 输出已添加马赛克的图像
cv2.imwrite("cat-mosaic.png", mos)
plt.imshow(cv2.cvtColor(mos, cv2.COLOR_BGR2RGB))
plt.show()
```

以下为马赛克处理前后对比的图像。

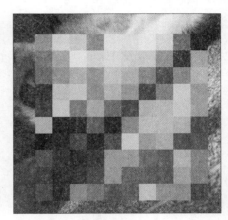

▲ 添加马赛克前的图像　　　　　▲ 添加马赛克后的图像

自动给人脸加上马赛克

　　本节内容至此，用于制作"自动检测人脸并添加马赛克"的程序，所需的必要技术点已经全部准备就绪，只剩下编写程序这最后一步。

扫码看视频

▼ face-mosaic.py

```
import matplotlib.pyplot as plt
import cv2
from mosaic import mosaic as mosaic

# 指定级联文件制作分类器 --- (*1)
cascade_file = "haarcascade_frontalface_alt.xml"
cascade = cv2.CascadeClassifier(cascade_file)
```

101

```
# 读取图像并灰度化 --- (*2)
img = cv2.imread("family.jpg")
img_gray = cv2.cvtColor(img, cv2.COLOR_BGR2GRAY)

# 进行人脸识别 --- (*3)
face_list = cascade.detectMultiScale(img_gray, minSize=(150,150))
if len(face_list) == 0: quit()

# 向图像中识别为脸部的区域添加马赛克 --- (*4)
for (x,y,w,h) in face_list:
    img = mosaic(img, (x, y, x+w, y+h), 10)

#输出图像
cv2.imwrite("family-mosaic.png", img)
plt.imshow(cv2.cvtColor(img, cv2.COLOR_BGR2RGB))
plt.show()
```

在Jupyter Notebook中执行该程序，可以看到，已经成功检测出人脸且添加了马赛克。

▲ 马赛克处理前

▲ 马赛克处理后

下面梳理一下程序。注释（*1）处，生成用于人脸识别的分类器。注释（*2）处转换灰度，然后在注释（*3）处检测出人物面部。注释（*4）处，向检测到的脸部区域中添加马赛克。

OpenCV难以识别侧脸或倾斜的图像

扫码看视频

OpenCV的人脸识别并不完美。虽然可以检测出正脸，但是很遗憾，OpenCV无法识别侧脸或是图像倾斜的情况。

下图的侧脸，OpenCV无法检测出脸部区域。

▲ OpenCV的人脸识别无法识别侧脸

另外，关于图像倾斜到何种程度还能够检测到人脸，执行以下程序即可验证。

▼ rotate-test.py

```
import matplotlib.pyplot as plt
import cv2
from scipy import ndimage

# 读取检测器及图像
cascade_file = "haarcascade_frontalface_alt.xml"
cascade = cv2.CascadeClassifier(cascade_file)
img = cv2.imread("girl.jpg")

# 识别人脸、添加标记
def face_detect(img):
    img_gray = cv2.cvtColor(img, cv2.COLOR_BGR2GRAY)
```

```
        face_list = cascade.detectMultiScale(img_gray,
minSize=(300,300))
        # 为辨识出的区域添加标记
        for (x,y,w,h) in face_list:
            print("脸部所在坐标=", x, y, w, h)
            red = (0, 0, 255)
            cv2.rectangle(img, (x, y), (x+w, y+h), red, thickness=30)

# 验证每个角度
for i in range(0, 9):
    ang = i * 10
    print("---" + str(ang) + "---")
    img_r = ndimage.rotate(img, ang)
    face_detect(img_r)
    plt.subplot(3, 3, i + 1)
    plt.axis("off")
    plt.title("angle=" + str(ang))
    plt.imshow(cv2.cvtColor(img_r, cv2.COLOR_BGR2RGB))

plt.show()
```

在Jupyter Notebook中执行程序后，可以看出来，想要正确识别出面部，最多只能倾斜到30度左右。

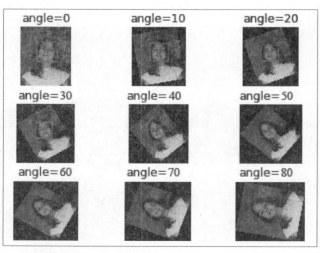

▲ 即使倾斜图片也能够识别面部的测试

下面进行程序的梳理。在for语句中，让图像从0度旋转到80度，逐一检测是否能够识别出脸部。这里为了简便地输出多个图像，使用了pyplot.subplot()函数，具体用法如下所示。

代码格式：　同时描绘数个图像
matplotlib.pyplot.subplot(行数, 列数, 绘制第几个)

另外，旋转图像使用了scipy.ndimage模组中的rotate()函数。

改良、应用建议

　　本节内容至此，完成的程序在仅仅只处理单张图片时，已经能够自动检测出脸部并添加马赛克。但话说回来，如果只是一张照片的话，最初就没有必要专门制作程序。因此，还需要将程序提升到可以批量处理多张图片的水准。另外，在Web服务端中，出于保护个人隐私的目的，可以在照片发布出来之前，自动给脸部添加马赛克。再就是可以根据检测出的人脸判断其身份信息。

总　结

➡ 使用OpenCV的脸部检测器，可以进行人脸识别。

➡ 脸部检测是基于图像的明暗变化模式进行判断，为此需要将图像灰度化处理。

➡ 马赛克处理需先将图像缩小，然后直接扩大回原尺寸即可。

3-3

文字识别：辨识手写体数字

处理图像的机器学习中，最常见的情况便是"识别手写体数字"。本节中将会尝试辨识手写体数字。

相关技术（关键词）	应用场景
● OpenCV ● 辨识手写体数字 ● SVM	● 文字识别 ● 图像识别的测试

尝试使用手写体数字的光学识别数据集

在scikit-learn中已经附带有手写体数字数据集，此数据集有很长的一个全名："Optical Recognition of Handwritten Digits Data Set（手写体数字的光学识别数据集）"，其中包含有8x8像素的手写体数字共计5620个。

扫码看视频

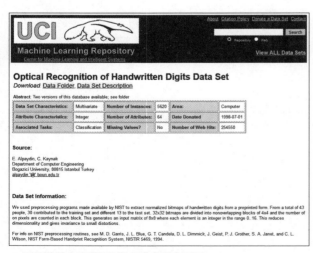

▲ 手写体数字光学识别数据集的发布页面

该数据集的原始数据公布在UCI Machine Learning Repository上。

Optical Recognition of Handwritten Digits Data Set（手写体数字的光学识别数据集）
[URL] http://archive.ics.uci.edu/ml/datasets/optical+recognitio
n+of+handwritten+digits

下文的内容为读取scikit-learn所收录的手写体数字的方法。

```
from sklearn import datasets
digits = datasets.load_digits()
```

读取到的数据digits为字典（dict），具体使用方法如下所示。（译注：datasets.load_digits()返回的并非Python标准字典，只是"类似字典"）

● **digits.images：** 图像数据的数组。
● **digits.target：** 表示图像对应数字的标签数据。

digits.images中包含有8x8像素的二维图像数据，digits.target中存入的是digits.images图像所表示的实际数字。

确认数据内容

下面通过双眼来确认数据的具体内容吧，在Jupyter Notebook中键入以下程序并执行。程序会展示出15个手写体数字的图像。

```
import matplotlib.pyplot as plt

# 读取手写体数字
from sklearn import datasets
digits = datasets.load_digits()

# 连续输出15个数据
for i in range(15):
    plt.subplot(3, 5, i+1)
    plt.axis("off")
    plt.title(str(digits.target[i]))
    plt.imshow(digits.images[i], cmap="gray")

plt.show()
```

执行程序后，显示结果如下所示。

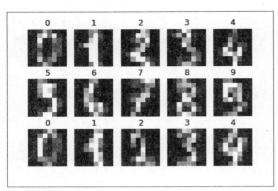

▲ 手写体数字为8x8像素的图像

顺带一提，pyplot的subplot()函数能够一次绘制多张图像数据。准备好与行列数相应的图像数据，即可指定对应位置绘制图像，具体格式如下所示。

代码格式
plt.subplot(行数, 列数,绘制第几个)

在前面显示15个数字的程序中，通过for语句，在指定的3行5列的范围中，逐个输出了15个手写数字的图像。

图像的格式

接着详细分析单个数字的存储格式。手写体数字是8x8的像素图，每个像素由0到16的数值表示，0表示透明（背景为黑色），16表示线条的部分（白色）。

```
d0 = digits.images[0]
plt.imshow(d0, cmap="gray")
plt.show()
print(d0)
```

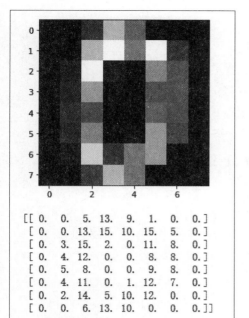

```
[[ 0.  0.  5. 13.  9.  1.  0.  0.]
 [ 0.  0. 13. 15. 10. 15.  5.  0.]
 [ 0.  3. 15.  2.  0. 11.  8.  0.]
 [ 0.  4. 12.  0.  0.  8.  8.  0.]
 [ 0.  5.  8.  0.  0.  9.  8.  0.]
 [ 0.  4. 11.  0.  1. 12.  7.  0.]
 [ 0.  2. 14.  5. 10. 12.  0.  0.]
 [ 0.  0.  6. 13. 10.  0.  0.  0.]]
```

▲ 图像数据各像素由0到16的数值表示

把图像交给机器学习

　　下面开始着手在机器学习中处理手写数字图像数据。虽说是图像数据，实际上不过是一串连续的数值，8x8像素的图像就有64项数值。

　　把图像的像素数据作为学习资料传入机器学习，尝试是否能够正确判别。在下面的程序中，读取手写体数字后将其分成两部分，其中80%用于学习，剩下20%用于测试。在学习完80%的数据后，使用另外20%的数据测试模型的分类正确率。

扫码看视频

▼ ml_digits.py

```
from sklearn.model_selection import train_test_split
from sklearn import datasets, svm, metrics
from sklearn.metrics import accuracy_score

# 读取数据 --- (*1)
digits = datasets.load_digits()
x = digits.images
y = digits.target
x = x.reshape((-1, 64)) # 将二维数组转为一维数组 --- (*2)

# 将数据分成学习用与测试用两部分 --- (*3)
x_train, x_test, y_train, y_test = train_test_split(x, y, test_size=0.2)
```

109

```
# 学习数据 --- (*4)
clf = svm.LinearSVC()
clf.fit(x_train, y_train)

# 预测结果并确认精确度 --- (*5)
y_pred = clf.predict(x_test)
print(accuracy_score(y_test, y_pred))
```

程序随机将数据分割成学习用与测试用两部分，所以执行之后显示的结果多少会有一定浮动，但精确度大致上是在0.93（93%）到0.96（96%）之间。

```
In [4]:  from sklearn.model_selection import train_test_split
         from sklearn import datasets, svm, metrics
         from sklearn.metrics import accuracy_score

         # 读取数据——(*1)
         digits = datasets.load_digits()
         x = digits.images
         y = digits.target
         x = x.reshape((-1, 64)) # 将二维数组转为一维数组——(*2)

         # 将数据分成学习用与测试用两部分——(*3)
         x_train, x_test, y_train, y_test = train_test_split(x, y, test_size=0.2)

         # 学习数据——(*4)
         clf = svm.LinearSVC()
         clf.fit(x_train, y_train)

         # 预测结果并确认精度——(*5)
         y_pred = clf.predict(x_test)
         print(accuracy_score(y_test, y_pred))

         0.9638888888888889
```

▲ 学习完图像数据后的结果

接下来梳理程序。注释（*1）处，读取手写体数字的图像数据。注释（*2）处，将图像数据的二维数组转变为一维数组。使用reshape()函数能够很简单地改变数组的维数，非常的便利。

注释（*3）处，把图像数据分成学习用（80%）与测试用（20%）两部分。注释（*4）处，完成学习数据的训练。注释（*5）处，使用测试数据确认模型的精确度。

可以看出来，与前一章中编写的鸢尾花分类器相比，程序本身大体上是相同的，区别仅仅在于此处的学习内容是图像像素数据。

保存完成训练的模型

在学习完毕之后，可以将之前制作并训练好的模型保存到文件中。保存模型需要用到joblib模块，在Jupyter Notebook中执行完之前的程序后，再执行以下程序。

```
# 保存学习完毕的模型
from sklearn.externals import joblib
joblib.dump(clf, 'digits.pkl')
```

另外，在读取保存好的模型时，使用以下代码。

```
# 读取完成学习的模型
clf = joblib.load("digits.pkl")
```

尝试辨识自己准备的图像

虽然在前文中，可以看到手写体数字辨别程序获得了高达0.96（96%）的精确度，但仅仅只是一个百分比数字，很难感觉到程序是不是真的可以识别出手写体数字。那么，下面试着辨别自己准备的图像，来感受模型的精确度有多高。

扫码看视频

使用Windows的读者请用系统自带的画图工具，如果是macOS/Linux系统则使用GIMP等画图软件，自行准备好手写体数字。笔者则使用开源的免费绘画软件FireAlpaca绘制手写体数字。

> **免费的绘图软件**
>
> **FireAlpaca (适用于Windows/macOS)**
> [URL] http://firealpaca.com/ja/（译注：简体中文版为https://firealpaca.com/cn/）
>
> **GIMP (适用于Windows/Linux/macOS)**
> [URL] https://www.gimp.org/（译注：可以在安装时选择简体中文）

准备好以下my2.png与my4.png两张图像，交给机器学习程序进行辨识。

图像的尺寸会自动进行调整，因此不需要特别注意，画布形状为正方形即可。另外，为了便于书写，可以直接在白色背景上绘制黑色的数字。

▲ 自行准备的手写数字图像my2.png

▲ 自行准备的手写数字图像my4.png

111

尝试辨识准备好的图像

准备好图像之后，就可以试着辨别图像中写的是什么数字。在Jupyter Notebook中执行以下程序。

▼ predict-myimage.py

```
import cv2
from sklearn.externals import joblib

def predict_digit(filename):
    # 读取训练好的模型
    clf = joblib.load("digits.pkl")
    # 读取自己准备好的图像文件
    my_img = cv2.imread(filename)
    # 将图像调整为学习数据的样式
    my_img = cv2.cvtColor(my_img, cv2.COLOR_BGR2GRAY)
    my_img = cv2.resize(my_img, (8, 8))
    my_img = 15 - my_img // 16 # 黑白反色
    # 将二维数据转换为一维
    my_img = my_img.reshape((-1, 64))
    # 预测结果
    res = clf.predict(my_img)
    return res[0]

# 指定图像文件并执行
n = predict_digit("my2.png")
print("my2.png = " + str(n))
n = predict_digit("my4.png")
print("my4.png = " + str(n))
```

运行程序之后将会显示以下结果。虽然笔者手写的数字不是很端正，但是两张图像都能够正确地辨识出来。

```
my2.png = 2
my4.png = 4
```

但是多次尝试之后就能发现，如果将文字进行左右移动，或是使用太细的画笔书写等情况下，也有可能无法正确辨识。

机器学习中的图像处理

根据本节中介绍的内容来看，机器学习程序在学习图像数据时，与之前编写的其他机器学习程序并没有特别大的区别。另外，在机器学习中处理图像时，有一处需要特别注意的地方是，在输入机器学习用的图像数据之后，需要先进行预处理。比如说，图像的大小需要调整到合适的尺寸，或是调整为合适的颜色空间等预处理，都是非常必要的步骤。

改良提示

本节中使用的手写体数字数据集，是UCI上发布的简易数据集。实际运用本节的模型辨别读者自己准备的图像时，应该有不少人都会出现无法正确分辨的情况，因而本书在此给出以下改良提示。对于机器学习来说，提供更优质的学习数据，就会得到更高的精确度。在各类手写体数字的数据中，MNIST数据集是非常有名的一种，可以下载总计7万个手写体数字。MNIST的详细使用方法在第5章中有所介绍。

THE MNIST DATABASE

of handwritten digits

Yann LeCun, Courant Institute, NYU
Corinna Cortes, Google Labs, New York
Christopher J.C. Burges, Microsoft Research, Redmond

The MNIST database of handwritten digits, available from this page, has a training set of 60,000 examples, and a test set of 10,000 examples. It is a subset of a larger set available from NIST. The digits have been size-normalized and centered in a fixed-size image.

It is a good database for people who want to try learning techniques and pattern recognition methods on real-world data while spending minimal efforts on preprocessing and formatting.

Four files are available on this site:

train-images-idx3-ubyte.gz: training set images (9912422 bytes)
train-labels-idx1-ubyte.gz: training set labels (28881 bytes)
t10k-images-idx3-ubyte.gz: test set images (1648877 bytes)
t10k-labels-idx1-ubyte.gz: test set labels (4542 bytes)

▲ MNIST的网站

THE MNIST DATABASE of handwritten digits
[URL] http://yann.lecun.com/exdb/mnist/

总 结

→ 学习手写体数字的数据集之后，能够进行数字的文字识别。

→ 虽说是图像数据，其本质上也只是连续的数值，因而可以用于机器学习。

→ 机器学习在学习图像数据之前，需要统一图像的尺寸大小与颜色空间等格式。

|3-4|

轮廓检测：
挑战从明信片上辨识邮政编码

本节制作的程序将会从明信片中自动识别出邮政编码。上一节中制作了辨识手写数字的程序，再结合OpenCV中的物体识别功能完成本节内容。

相关技术（关键词）	应用场景
● OpenCV ● 物体识别 ● 文字识别	● 获取照片中的数字 ● 车牌识别

从邮政明信片上读取邮政编码

本节将挑战从明信片中读取邮政编码。首先需要从明信片中提取出写有数字的部分，然后逐个识别邮政编码的数字。

提取出任意区域的内容，常见于机器学习的预处理步骤。例如，仅仅想要学习数张照片中的人脸部分，就需要先提取出照片中的脸部数据。本节中使用的区域检测方法，在图像预处理时会有所帮助。

OpenCV中的轮廓检测

在提取邮政编码之前，先尝试获取图像中的轮廓。轮廓检测需要使用OpenCV中的findContours()函数。作为示例，将会从下面这张花朵的照片中，提取出中间最大的花。

扫码看视频

▲ 花朵的照片

在Jupyter Notebook中试着执行以下程序。

▼ find_contours.py

```python
import cv2
import matplotlib.pyplot as plt

# 读取图像并调整大小 --- (*1)
img = cv2.imread("flower.jpg")
img = cv2.resize(img, (300, 169))

# 颜色空间二值化 --- (*2)
gray = cv2.cvtColor(img, cv2.COLOR_BGR2GRAY)
gray = cv2.GaussianBlur(gray, (7, 7), 0)
im2 = cv2.threshold(gray, 140, 240, cv2.THRESH_BINARY_INV)[1]

# 左侧展示二值化之后的图像 --- (*3)
plt.subplot(1, 2, 1)
plt.imshow(im2, cmap="gray")

# 检测轮廓 --- (*4)
cnts = cv2.findContours(im2,
        cv2.RETR_LIST,
        cv2.CHAIN_APPROX_SIMPLE)[0]
# 标记出提取的区域 --- (*5)
for pt in cnts:
    x, y, w, h = cv2.boundingRect(pt)
    # 去除过大或者过小的部分
    if w < 30 or w > 200: continue
    print(x,y,w,h) # 输出结果
    cv2.rectangle(img, (x, y), (x+w, y+h), (0, 255, 0), 2)

# 右侧展示检测轮廓后的图像 --- (*6)
plt.subplot(1, 2, 2)
```

115

```
plt.imshow(cv2.cvtColor(img, cv2.COLOR_BGR2RGB))
plt.savefig("find_contours.png", dpi=200)
plt.show()
```

运行程序之后列出以下两个区域，这就是轮廓检测的结果。第一行为花瓣中某一瓣的区域坐标，第二行则为整朵花的区域坐标。

```
97 64 30 28
101 9 90 81
```

检测出的区域用红色的方框标记表示。左侧显示的图像，是轮廓检测中用到的黑白两色二值化图像，而右边则是由红色方框标记已检出区域的图像，可以看到已经成功检测出花朵的轮廓。

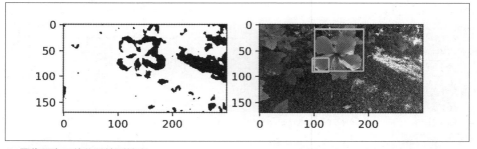

▲ 图像黑白二值化后检测轮廓

接下来梳理一下程序。注释（*1）处，用于读取花朵图像，并将图像尺寸调整为300x169像素。

在注释（*2）之后正式开始轮廓检测。首先是图像二值化，将颜色空间转变为黑白两色。为此需要先进行灰度变换，然后使用GaussianBlur()函数将图像平滑化。至此，图像经过模糊化之后，已经不会检测出复杂精细的图案。而实际进行二值化的是threshold()函数。根据前文所述，可以看出来注释（*3）处，是将经过模糊与二值化处理的图像展示在页面中。

在注释（*4）处，利用findContours()函数检测轮廓。在注释（*5）处，图像中标记已检出的区域。在注释（*6）处，将注释（*5）处标记好的图像展示到右侧。

最后，再次确认轮廓检测的顺序。

(1) 读取图像。
(2) 图像二值化。
(3) 检测轮廓。

在轮廓检测中，图像二值化是非常重要的步骤。全彩的图像需要经过灰度变化、平滑处理以及二值化后才能使用。这么多步骤看起来很麻烦，但是无论省去哪一步，都无法获得很好的结果。下面逐一说明过程中使用到的函数。

116

图像的平滑化（模糊处理）

在OpenCV中对图像进行模糊处理，可以使用cv2.blur()函数、cv2.medianBlur()函数、cv2.bilateralFilter()函数等各类平滑化函数。本书选用的是高斯滤波cv2.GaussianBlur()函数，适合用于去除白噪音，具体用法如下所示。

代码格式：**高斯滤波（图像模糊化）**
img = cv2.GaussianBlur(img, (ax, ay), sigma_x)

该函数会对OpenCV中读取到的图像img进行高斯滤波后，再返回处理结果。在(ax, ay)中，以像素为单位指定平滑化对象点的邻近范围大小，数值必须为奇数。sigma_x是横向的标准偏差值，如果为0，则自动根据核的尺寸（译注：即前面的ax与ay）进行计算。

作为参考，在对图像平滑化处理时，还可以选择双边滤波cv2.bilateralFilter()函数，不仅可以对整张图片进行模糊处理，同时还会保留图像中的边缘与纹理，但是处理速度相对比较缓慢。

图像的二值化（阈值处理）

将图像转为黑白两色时，可以使用cv2.threshold()函数，该函数采用的是阈值处理方式。简而言之，图像中的像素值比指定的阈值大则归为白色，反之则划分为黑色。

代码格式：**图像二值化**
ret, img = cv2.threshold(img, thresh, maxval, type)

该函数会对图像进行二值化后返回。其中，第1项参数为灰度化后的图像；第2项参数中指定了阈值；第3项参数指定的是，当超出阈值时所赋予的数值；第4项参数设置如何进行阈值处理，指定为THRESH_BINARY_INV时，大于阈值的设为0，其他的均设置为maxval所指定的数值。

轮廓检测相关

检测轮廓时会使用到findContours()函数，具体使用方式如下所示。

代码格式：**轮廓检测**
contours, hierarchy = cv2.findContours(image, mode, method)

第1项参数为输入的图像，第2项参数是提取模式，第3项参数指定轮廓近似方法，返回值为轮廓列表以及层次信息。

第2项参数指定了轮廓的检测方法，具体数值如下所示。

117

常量	含义
cv2.RETR_LIST	简单地检测轮廓
cv2.RETR_EXTERNAL	检测出最外侧的轮廓
cv2.RETR_CCOMP	根据层次检测2级轮廓
cv2.RETR_TREE	检测出所有的轮廓，并保留层次结构

第3项参数method则指定了轮廓的近似方法，有以下几种选择。CHAIN_APPROX_NONE会检测出轮廓的所有点，CHAIN_APPROX_SIMPLE则会消除非必需的点，仅返回最低限度的轮廓点，因此一般会选择指定CHAIN_APPROX_SIMPLE近似法。

常量	含义
cv2.CHAIN_APPROX_NONE	保留轮廓上所有的点
cv2.CHAIN_APPROX_SIMPLE	去除冗余的点后再返回

从明信片获取邮政编码的范围

在了解提取轮廓的基本方法后，开始尝试从明信片中提取出邮政编码的数字部分。本书使用以下明信片作为处理对象。

扫码看视频

▲ 提取邮政编码时用的测试图像

尝试提取出邮政编码的区域，键入以下程序。

118

▼ detect_zip.py

```python
import cv2
import matplotlib.pyplot as plt

# 从明信片图像中提取邮政编码的函数
def detect_zipno(fname):
    # 读取图像
    img = cv2.imread(fname)
    # 获取图像大小
    h, w = img.shape[:2]
    # 仅截取出明信片右上角 --- (*1)
    img = img[0:h//2, w//3:]

    # 图像二值化 --- (*2)
    gray = cv2.cvtColor(img, cv2.COLOR_BGR2GRAY)
    gray = cv2.GaussianBlur(gray, (3, 3), 0)
    im2 = cv2.threshold(gray, 140, 255, cv2.THRESH_BINARY_INV)[1]

    # 提取轮廓 --- (*3)
    cnts = cv2.findContours(im2,
        cv2.RETR_LIST,
        cv2.CHAIN_APPROX_SIMPLE)[0]

    # 将提取的轮廓变为简单的列表--- (*4)
    result = []
    for pt in cnts:
        x, y, w, h = cv2.boundingRect(pt)
        # 去除过大或过小的区域 --- (*5)
        if not(50 < w < 70): continue
        result.append([x, y, w, h])
    # 提取的轮廓左对齐排列 --- (*6)
    result = sorted(result, key=lambda x: x[0])
    # 去除位置太过相近的轮廓 --- (*7)
    result2 = []
    lastx = -100
    for x, y, w, h in result:
        if (x - lastx) < 10: continue
        result2.append([x, y, w, h])
        lastx = x
    # 描绘绿色方框 --- (*8)
    for x, y, w, h in result2:
        cv2.rectangle(img, (x, y), (x+w, y+h), (0, 255, 0), 3)
    return result2, img

if __name__ == '__main__':
    # 输入明信片图像并提取轮廓
    cnts, img = detect_zipno("hagaki1.png")
```

```
#  展示图像的检测结果
plt.imshow(cv2.cvtColor(img, cv2.COLOR_BGR2RGB))
plt.savefig("detect-zip.png", dpi=200)
plt.show()
```

执行程序之后，如下图所示。邮政编码数字周围画着绿色的方框，可以看出程序成功提取到邮政编码区域。

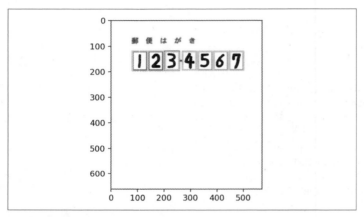

▲ 提取邮政编码区域

下面来梳理程序。注释（*1）处，截取出明信片上半部分中右边2/3的区域，因为我们已经知道邮政编码位于明信片右上角。如果检测整张明信片中的轮廓，还需要额外删除邮票以及左下角的方框等多余部分。所以一开始就锁定邮政编码的大体位置，仅提取必要部分的轮廓。

注释（*2）处，对图像二值化处理。如前文所述，按照灰度化、模糊处理、二值化处理的顺序进行操作。在注释（*3）处提取轮廓。

在注释（*4）处，将提取的轮廓变换为简单的"X、Y、宽、高"列表。在注释（*5）处，去除过大或过小的区域。注释（*6）处，将提取的区域在X方向上排列，因此可以从左侧开始按照顺序逐个取出区域范围。至此，基本的轮廓已经提取完毕，但是可以从提取出的轮廓中发现，邮政编码周围有红色方框，其内外两侧被作为不同区域同时被提取出来。在注释（*7）处，消除重复的轮廓，最后在注释（*8）处，用绿色方框做标识。

辨识获取的数字图像

本节至此已经成功提取出邮政编码的区域，可以开始逐个读取数字了。这里可以使用前一节中介绍的手写体数字辨识方法，使用之前制作好的手写体数字辨识模型digits.pkl来识别邮政编码。

扫码看视频

前文在编写程序detect_zip.py时，就考虑到可能会作为Python模块被调用，所以在将其作为模块保存之后，即可执行以下程序。

▼ predict_zip.py

```
from detect_zip import *
import matplotlib.pyplot as plt

from sklearn.externals import joblib

# 加载训练完成的手写体数字辨识模型
clf = joblib.load("digits.pkl")

# 从图像中提取区域
cnts, img = detect_zipno("hagaki1.png")

# 绘制读取到的数据
for i, pt in enumerate(cnts):
    x, y, w, h = pt
    # 仅缩减轮廓中线框的部分
    x += 8
    y += 8
    w -= 16
    h -= 16
    # 获取图像数据
    im2 = img[y:y+h, x:x+w]
    # 将图像数据输入到模型中
    im2gray = cv2.cvtColor(im2, cv2.COLOR_BGR2GRAY)  # 灰度化
    im2gray = cv2.resize(im2gray, (8, 8))  # 调整大小
    im2gray = 15 - im2gray // 16  # 黑白反色
    im2gray = im2gray.reshape((-1, 64))  # 变为一维
    # 预测结果
    res = clf.predict(im2gray)
    # 展示结果
    plt.subplot(1, 7, i + 1)
    plt.imshow(im2)
    plt.axis("off")
    plt.title(res)

plt.show()
```

程序运行后将显示以下结果。不仅提取出邮政编码的数字图像，而且在每个手写体数字上方标识出图像对应的预测结果。如果运行程序后，显示cannot import name 'joblib' from 'sklearn.externals'，说明你当前使用的scikit-learn版本较新，可以使用import joblib语句代替from sklearn.externals import joblib语句。

121

▲ 提取图像并分辨数字

结果如何呢？非常遗憾，数字6辨识失败了，但是其他数字均识别正确，大体上来说是成功的。正确率是6/7=0.8671。虽然经过调整还可以进一步提高模型的精确度，但是本节目标是从邮政编码区域提取出数字，可以说是已经完成了。

但是，为什么数字6没有成功识别出来呢？前一节中也有提到过，可能是由于模型训练时使用的学习数据过少，也有可能是辨识的数字过大或过小、笔画过粗或过细，抑或者是左右偏移过度等，各种情况均有可能造成识别失败。

改良提示

本节至此已经将基本的轮廓提取方法介绍完毕。如前文所述，类似明信片这种有一定样式基础的图像数据，就能够从中提取出特定区域。另外，虽然本节中没有尝试，但是明信片的邮政编码大多数都写在红色方框中，我们可以提取出红色方框内的数字，舍弃掉方框，这样能够获得更高的精确度。

另外，有关数字的辨识在第5章的深度学习中，将介绍提高精确度的方法。参考第5章的手写体数字辨识内容，对程序进行改良之后，能够进一步提高精确度。

应用提示

本节介绍的轮廓提取能够获得图像中特定的部分，例如考试答题纸自动评分，提取小票、收据中的价格信息等，可以应用于各类场景中。

总　结

➡ 使用OpenCV可以轻松提取出图像中的轮廓。

➡ 轮廓提取的预处理包括：灰度变换、模糊处理、二值化。

➡ 明信片等拥有固定格式的图像数据，在预估出大致的区域位置与范围大小后，能够正确提取出指定部分。

3-5

视频分析：
从视频中提取出有热带鱼的画面

本节将会介绍如何处理视频 。虽说是视频，究其本质也不过是连续播放的静止画面，基本上与图像处理类似。本节同样会说明如何使用OpenCV来操控网络摄像头。

相关技术（关键词）	应用场景
● OpenCV	● 视频分析
● 人脸识别	● 监控摄像头
● 实时摄像头、网络摄像头	

视频分析

借由OpenCV之手，很容易就能获得网络摄像头所拍摄的画面。因而得以实现监控摄像头、横穿道路的车辆统计、实时画面处理等技术。

本节中的示例程序，需要读者的PC自带有摄像头（或者USB外接摄像头），才能正确执行。在Raspberry Pi等IoT设备上不仅可以运行OpenCV，同时也能连续拍摄视频，请读者务必在使用实物的基础上进行尝试。

扫码看视频

获取网络摄像头的实时画面

最初的示例程序会通过OpenCV获取摄像头画面，并且显示在PC的屏幕上。此处需要注意的是，下面的程序不是在Jupyter Notebook中，而是通过命令提示符执行的。

▼ camera-sample.py

```
import cv2
import numpy as np

# 开始获取网络摄像头的输入 --- (*1)
cap = cv2.VideoCapture(0)
while True:
```

123

```
    # 读取摄像头的画面 --- (*2)
    _, frame = cap.read()
    # 缩小画面尺寸 --- (*3)
    frame = cv2.resize(frame, (500,300))
    # 在窗口中展示画面 --- (*4)
    cv2.imshow('OpenCV Web Camera', frame)
    # 按ESC或Enter键后跳出循环
    k = cv2.waitKey(1)  # 等待1微秒
    if k == 27 or k == 13: break

cap.release()  # 释放摄像头
cv2.destroyAllWindows()  # 关闭窗口
```

在命令提示符中，访问程序所在路径，执行以下命令。

```
python camera-sample.py
```

在弹出的窗口中会显示网络摄像头所拍摄到的当前画面，按ESC键或Enter键可以终止程序。

▲ PC上网络摄像头的画面

接下来梳理程序。注释（*1）处，通过VideoCapture(0)准备好标准网络摄像头。此程序通过反复读取图像来获得视频，并展示到窗口之中。

注释（*2）处，使用read()方法读取图像。因为程序中不需要非常大的图像，所以在注释（*3）处使用resize()函数调整图像的大小。注释（*4）处，利用imshow()函数在窗口中输出图像。之后使用waitKey()函数截取键盘的输入，如果是ESC或Enter键，则终止循环。

尝试将摄像头画面调整为仅显示红色

从网络摄像头获取到的图像，与前文图像处理中提到的相同，均是以NumPy数组保存的图像数据。因此可以在获得图像之后，实时解析与加工。作为示例，在去除图像中的蓝色部分与绿色部分之后，将仅剩的红色部分输出到画面中。

124

具体程序如下所示。

▼ red_camera.py

```
import cv2
import numpy as np

# 开始获取网络摄像头的输入
cap = cv2.VideoCapture(0)
while True:
    # 获取图像
    _, frame = cap.read()
    # 缩小图像
    frame = cv2.resize(frame, (500,300))
    # 将蓝与绿的部分设置成0（利用NumPy的索引）---(*1)
    frame[:, :, 0] = 0  # 蓝色通道设为0
    frame[:, :, 1] = 0  # 绿色通道设为0
    # 在窗口中展示画面
    cv2.imshow('RED Camera', frame)
    # 按Enter键后跳出循环
    if cv2.waitKey(1) == 13: break

cap.release()  # 释放摄像头
cv2.destroyAllWindows()  # 关闭窗口
```

虽然可能打印在纸上看不出来，但是在命令提示符中运行之后，显示的是全红的图像。按下Enter键即可终止程序。

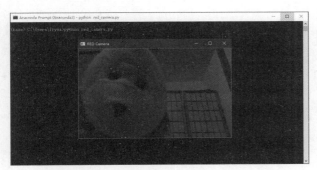

▲ 仅显示摄像头画面中红色的部分（请运行程序确认颜色）

程序中需要注意的点在注释（*1）处。依靠NumPy的索引功能，将所有像素点中的蓝色通道与绿色通道设置为0，最后图像RGB中只保留了R（红色）的数值。利用NumPy索引加工像素是很快速的过程。

125

利用HSV颜色空间提取颜色

但只是这样不能算作只显示红色的部分，而应该更加严格地只展示红色的部分。为此需要用到HSV颜色空间。所谓HSV颜色空间，是使用色相（Hue）、饱和度（Saturation）、明度（Value Brightness）三种参数来表示颜色的方式。RGB颜色空间中使用红绿蓝三原色的组合来展现颜色，难以直观地感受到颜色变化。而在HSV颜色空间中，通过调整饱和度与明度，可以更加直观地选择所需颜色。色相通常表示为360度的色相环，红、绿、蓝、红以顺时针旋转的方式排列在圆环中。

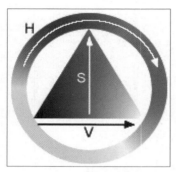

▲ Wikipedia中的HSV颜色空间

在下面的程序中会提取色相中偏红色的部分，并将其改为白色后展示出来。

▼ red_camera_hsv.py

```
import cv2
import numpy as np

# 开始获取网络摄像头的输入
cap = cv2.VideoCapture(0)
while True:
    # 获取图像并缩小尺寸
    _, frame = cap.read()
    frame = cv2.resize(frame, (500,300))
    # 转为HSV颜色空间 --- (*1)
    hsv = cv2.cvtColor(frame, cv2.COLOR_BGR2HSV_FULL)
    # 分割HSV --- (*2)
    h = hsv[:, :, 0]
    s = hsv[:, :, 1]
    v = hsv[:, :, 2]
    # 仅提取出偏红色的像素 --- (*3)
    img = np.zeros(h.shape, dtype=np.uint8)
    img[((h < 50)    (h > 200)) & (s > 100)] = 255
    # 输出至窗口中 --- (*4)
    cv2.imshow('RED Camera', img)
```

126

```
      if cv2.waitKey(1) == 13: break

cap.release()  # 释放摄像头
cv2.destroyAllWindows()  # 关闭窗口
```

在命令提示符中执行程序后，将显示以下内容。

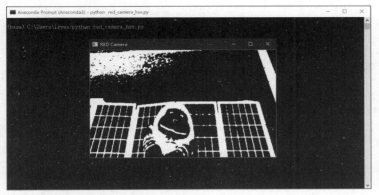

▲ 偏红色的部分以白色显示

接下来梳理程序。注释（＊1）处将颜色空间转换为HSV，注释（＊2）处将H、S、V各个部分提取出来。在注释（＊3）处把偏红色的像素全部涂成白色（255），然后将完成涂色的图像在注释（＊4）处展示到窗口中。注释（＊3）处使用不同的参数，能够筛选出各种特定颜色的区域。

实时解析摄像头画面，完全能够自由定制输出的内容。提示一下，结合前一节中的轮廓提取技术，甚至可以把偏红色部分的轮廓单独提取出来。

从画面中提取出移动的部分

视频为连续播放的图像，所以只要检测出每帧之间的差异，就可以判断出画面变化的部分。使用cv2.absdiff ()函数可以查找图像之间的差别，具体程序如下所示。

扫码看视频

▼ diff_camera.py

```
import cv2

cap = cv2.VideoCapture(0)
img_last = None  # 记录前一帧的变量 --- (*1)
green = (0, 255, 0)

while True:
```

127

```
    # 获取图像
    _, frame = cap.read()
    frame = cv2.resize(frame, (500, 300))
    # 变换为黑白图像 --- (*2)
    gray = cv2.cvtColor(frame, cv2.COLOR_BGR2GRAY)
    gray = cv2.GaussianBlur(gray, (9, 9), 0)
    img_b = cv2.threshold(gray, 100, 255, cv2.THRESH_BINARY)[1]
    # 确认差异
    if img_last is None:
        img_last = img_b
        continue
    frame_diff = cv2.absdiff(img_last, img_b) # --- (*3)
    cnts = cv2.findContours(frame_diff,
            cv2.RETR_EXTERNAL,
            cv2.CHAIN_APPROX_SIMPLE)[0]
    # 在画面中标记出有差异的部分 --- (*4)
    for pt in cnts:
        x, y, w, h = cv2.boundingRect(pt)
        if w < 30: continue # 忽略过小的变化
        cv2.rectangle(frame, (x, y), (x+w, y+h), green, 2)
    # 保存当前帧 --- (*5)
    img_last = img_b
    # 展示在画面中
    cv2.imshow("Diff Camera", frame)
    cv2.imshow("diff data", frame_diff)
    if cv2.waitKey(1) == 13: break
cap.release()
cv2.destroyAllWindows()
```

　　在命令提示符中执行程序之后，显示以下内容。检测出的移动物体，会用绿色方框标记在画面中。下图为毛绒玩具在摄像头前左右移动时的情形。

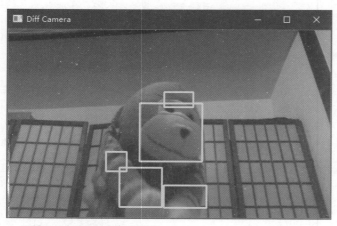

▲ 毛绒玩具在摄像头前左右移动

检测出画面中有变化的部分，如下所示。

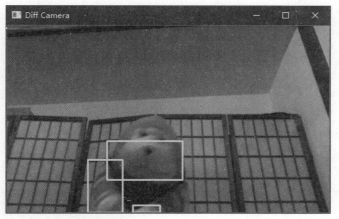

▲ 绿色方框标记出移动的部分

　　接下来梳理程序。注释（*1）处初始化变量img_last，该变量会记录前一帧的画面。在注释（*2）处，为了便于比较画面，将图像变为黑白两色，其中包括灰度化处理、模糊化处理以及黑白二值化处理。注释（*3）处，使用cv2.absdiff()函数调查图像之间的差别。在注释（*4）处，利用cv2.findContours()函数提取轮廓，并用绿色方框标记出来。最后在注释（*5）处，将图像保存至变量img_last中。

　　下图中显示的是cv2.absdiff()函数所得结果，不难看出来，粗白线条的部分即为有变化区域。

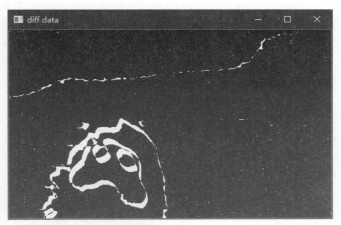

▲ 显示cv2.absdiff()函数的结果

　　在监视摄像头等情形中，一旦画面中出现较大的动静，则保存画面并辨别其中的物体。同时结合人脸识别，检测出访问者的脸部区域并保存，再使用机器学习训练模型之后，可以自动识别出来访者的身份。

视频文件的保存

将OpenCV读取的连续图像记录下来，就能够生成视频文件。以下内容为保存网络摄像头所拍摄视频的程序。

扫码看视频

▼ save-video.py

```python
import cv2
import numpy as np

# 开始获取网络摄像头的输入
cap = cv2.VideoCapture(0)
# 生成记录视频用的对象
fmt = cv2.VideoWriter_fourcc('m','p','4','v')
fps = 20.0
size = (640, 360)
writer = cv2.VideoWriter('test.m4v', fmt, fps, size) # --- (*1)

while True:
    _, frame = cap.read() # 读取画面
    # 缩小图像
    frame = cv2.resize(frame, size)
    # 写入图像 --- (*2)
    writer.write(frame)
    # 同时展示在窗口中
    cv2.imshow('frame', frame)
    # 按下Enter键后跳出循环
    if cv2.waitKey(1) == 13: break

writer.release()
cap.release()
cv2.destroyAllWindows() # 关闭窗口
```

在命令提示符中执行程序之后开始记录，完成之后按下Enter键停止录像，同时程序也会终止。（译注：如果Windows系统中执行后出现错误提示cap_msmf.cpp (674) SourceReaderCB::~SourceReaderCB terminating async callback，将cap = cv2.VideoCapture(0)改为cap = cv2.VideoCapture(0, cv2.CAP_DSHOW)即可）

▲ 播放录制好的视频

　　接下来梳理程序。注释（*1）处，利用cv2.VideoWriter生成视频记录对象。第1项参数为文件名。第2项参数fmt中指定了视频录制格式，使用4个单独字母拼写出MPEG-4 Video视频编码（mp4v）的名称。第3项参数设置了FPS（1秒钟内的帧数）。第4项参数指定了视频画面的尺寸。在注释（*2）处，反复使用write()方法写入当前画面。

从视频中提取出有热带鱼的画面

　　本节至此，所有基础的视频处理方法都已经介绍完毕。作为应用实践，尝试制作从海中拍摄的视频里提取出带有热带鱼画面的程序。可以使用本书附带的fish.mp4视频文件。

扫码看视频

▲ 海中拍摄的视频

131

因为热带鱼是来回游动的，所以与之前相同，使用cv2.absdiff()函数获取与前一帧之间的区别，提取出有变化的部分很有可能就是热带鱼。

执行以下程序，调查视频的每一帧，提取出有动静的内容，以JPEG图像格式保存至exfish目录中。

▼ fishvideo_extract_diff.py

```python
import cv2, os

img_last = None # 前一帧的图像
no = 0 # 图像的数量
save_dir = "./exfish" # 保存路径
os.mkdir(save_dir) # 生成文件夹

# 开始从视频文件中读取数据 --- (*1)
cap = cv2.VideoCapture("fish.mp4")
while True:
    # 获取图像
    is_ok, frame = cap.read()
    if not is_ok: break
    frame = cv2.resize(frame, (640, 360))
    # 转换为黑白图像 --- (*2)
    gray = cv2.cvtColor(frame, cv2.COLOR_BGR2GRAY)
    gray = cv2.GaussianBlur(gray, (15, 15), 0)
    img_b = cv2.threshold(gray, 127, 255, cv2.THRESH_BINARY)[1]
    # 确认差别
    if not img_last is None:
        frame_diff = cv2.absdiff(img_last, img_b) # --- (*3)
        cnts = cv2.findContours(frame_diff,
            cv2.RETR_EXTERNAL,
            cv2.CHAIN_APPROX_SIMPLE)[0]
        # 有变化的区域输出为文件 --- (*4)
        for pt in cnts:
            x, y, w, h = cv2.boundingRect(pt)
            if w < 100 or w > 500: continue # 去除噪音
            # 提取出的区域保存为图像
            imgex = frame[y:y+h, x:x+w]
            outfile = save_dir + "/" + str(no) + ".jpg"
            cv2.imwrite(outfile, imgex)
            no += 1
    img_last = img_b
cap.release()
print("ok")
```

提取出的图像如下所示。与预期的结果相同，截取到很多热带鱼的图像，但仔细看过后可以发现，有很多图像中并不包含热带鱼。

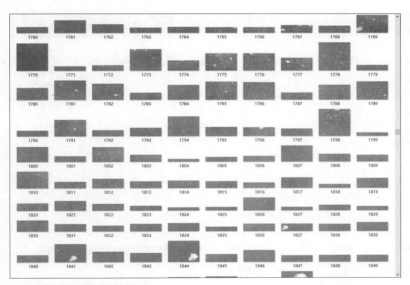

▲ 提取到很多热带鱼图像

▲ 但也有很多图像不含热带鱼

仔细确认热带鱼以外的图片就可以发现，因为是在海中拍摄的视频，所以也截取了不少气泡或海底等内容。

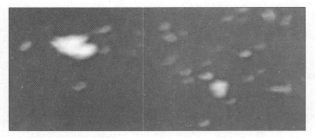
▲ 非热带鱼的移动物体

将提取结果放到一边，先来梳理程序。注释（*1）处，读取视频文件fish.mp4。OpenCV
中不仅可以获取网络摄像头的画面，同时也可以读取视频文件中的图像。之前一直都使用0作为
VideoCapture()的参数，而该程序中则传入了视频的文件名，那么返回的内容将不再是摄像头画面而
是视频文件。

在注释（*2）处，将图像转换为黑白两色。注释（*3）处，获得与前一帧的差异部分。注释
（*4）处，提取有变化的部分，并保存为JPEG图像。

通过机器学习寻找最好的热带鱼画面

所有无关的图像全部都手动区分实在是太过辛苦。因此对于从视频中提取出来的图
像，仅手动区分出300张包含与不包含热带鱼的图像，然后在机器学习中进行训练。再使
用生成的模型，从众多视频提取出的热带鱼图像中，筛选出最好的那一张。

扫码看视频

学习热带鱼图像

准备学习用的图像，将含有热带鱼的150张图像和不包含热带鱼的150张图像，筛选出来并保存
在不同的文件夹中。之前从视频中提取的图像保存在exfish目录中。至于手动筛选出来的两部分图
片，有鱼的图像放入fish文件夹中，而没有鱼的图像放入nofish文件夹中。

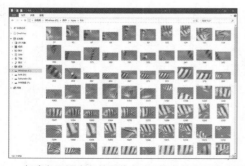
▲ 包含鱼和没有鱼的图像各150张存放于两个不同的文件夹中

　　筛选完毕后，执行以下程序学习图像。在Jupyter Notebook中运行该程序时，需要注意将fish与nofish文件夹放在Jupyter的工作路径下。（译注：如果运行时显示错误信息NameError: name '__file__' is not defined，可以在__file__两边加上单引号改为'__file__'，或者使用函数os.getcwd()获取当前路径）

▼ fish_train.py

```python
import cv2
import os, glob
from sklearn.model_selection import train_test_split
from sklearn import datasets, metrics
from sklearn.ensemble import RandomForestClassifier
from sklearn.metrics import accuracy_score
import joblib

# 指定学习图像的大小与路径
image_size = (64, 32)
path = os.path.dirname(os.path.abspath('__file__'))
path_fish = path + '/fish'
path_nofish = path + '/nofish'
x = [] # 图像数据
y = [] # 标签数据

# 读取图像数据并存入数组中 --- (*1)
def read_dir(path, label):
    files = glob.glob(path + "/*.jpg")
    for f in files:
        img = cv2.imread(f)
        img = cv2.resize(img, image_size)
        img_data = img.reshape(-1, ) # 展开为一维数据
        x.append(img_data)
        y.append(label)

# 读取图像数据
read_dir(path_nofish, 0)
read_dir(path_fish, 1)

# 将数据分成学习用与测试用两部分 --- (*2)
x_train, x_test, y_train, y_test = train_test_split(x, y, test_size=0.2)

# 学习数据 --- (*3)
clf = RandomForestClassifier()
clf.fit(x_train, y_train)

# 确认精确度 --- (*4)
y_pred = clf.predict(x_test)
print(accuracy_score(y_test, y_pred))
```

```
# 保存模型 --- (*5)
joblib.dump(clf, 'fish.pkl')
```

执行程序后，会学习包含鱼以及不包含鱼的图像数据，然后显示分类的精确度。另外，会将训练好的模型保存为文件fish.pkl。以下内容是在命令提示符中运行后的结果，获得了0.93……的数值，可以说是比较不错的结果。

```
$ python3 fish_train.py
0.931034482759
```

接下来梳理程序。注释（*1）处，定义了read_dir()函数，用于读取图像数据并存入数组中。该函数会读取指定路径下的所有JPEG图像。读取图像后调整其大小，并存入数组x与y中。机器学习中需要使用相同大小的图像，所以本次用于学习的各种尺寸图像，全部调整为64×32像素后再存入数组。此处使用的尺寸64×32像素并非正方形，因为可以从观察图像中发现，长方形的图像相对较多。

注释（*2）处，打乱数据顺序，并且分为学习用与测试用两部分。注释（*3）处，学习数据，使用的算法为随机森林。注释（*4）处，计算模型的精确度并显示在页面中。注释（*5）处，将模型保存至文件fish.pkl中。

分析视频

制作视频分析程序，从实际视频中提取出包含大量热带鱼的画面。因为此程序会显示视频窗口，需要使用命令提示符运行。程序会用方框标识出判断为鱼的区域。

▼ fishvideo_find.py

```
import cv2, os, copy
from sklearn.externals import joblib

# 读取训练后的模型
clf = joblib.load("fish.pkl")
output_dir = "./bestshot"
img_last = None # 前一帧图像
fish_th = 3 # 判断是否输出图像的阈值
count = 0
frame_count = 0
if not os.path.isdir(output_dir): os.mkdir(output_dir)

# 开始从视频文件中读取数据 --- (*1)
cap = cv2.VideoCapture("fish.mp4")
while True:
```

```
    # 获取图像
    is_ok, frame = cap.read()
    if not is_ok: break
    frame = cv2.resize(frame, (640, 360))
    frame2 = copy.copy(frame)
    frame_count += 1
    # 为了与前一帧比较而转换为黑白两色 --- (*2)
    gray = cv2.cvtColor(frame, cv2.COLOR_BGR2GRAY)
    gray = cv2.GaussianBlur(gray, (15, 15), 0)
    img_b = cv2.threshold(gray, 127, 255, cv2.THRESH_BINARY)[1]
    if not img_last is None:
        # 获取差异
        frame_diff = cv2.absdiff(img_last, img_b)
        cnts = cv2.findContours(frame_diff,
            cv2.RETR_EXTERNAL,
            cv2.CHAIN_APPROX_SIMPLE)[0]
        # 判断有变化的区域中是否包含鱼
        fish_count = 0
        for pt in cnts:
            x, y, w, h = cv2.boundingRect(pt)
            if w < 100 or w > 500: continue  # 消除噪音
            # 确认提取的区域中是否包含鱼 --- (*3)
            imgex = frame[y:y+h, x:x+w]
            imagex = cv2.resize(imgex, (64, 32))
            image_data = imagex.reshape(-1, )
            pred_y = clf.predict([image_data])  # --- (*4)
            if pred_y[0] == 1:
                fish_count += 1
                cv2.rectangle(frame2, (x, y), (x+w, y+h), (0,255,0), 2)
        # 判断是否包含鱼 --- (*5)
        if fish_count > fish_th:
            fname = output_dir + "/fish" + str(count) + ".jpg"
            cv2.imwrite(fname, frame)
            count += 1
    cv2.imshow('FISH!', frame2)
    if cv2.waitKey(1) == 13: break
    img_last = img_b
cap.release()
cv2.destroyAllWindows()
print("ok", count, "/", frame_count)
```

执行程序后，会生成bestshot文件夹，其中会存有大量热带鱼的图片。

▲ 保存有大量热带鱼的图片

实际运行之后可以发现，结果中包含了不少误判成热带鱼的海底岩石图片。但同时也识别出很多包含热带鱼的画面，大体上感觉还是有成效的。本次用作样例的视频只有短短1分钟左右，就已经有共计1990帧图像。如果换作30分钟的视频，恐怕会有接近6万帧图像需要确认。但是利用机器学习自动识别视频中包含鱼的画面，可以大幅节约人力劳动。

接下来梳理一下程序。注释（*1）处，创建了用于读取视频文件的对象。注释（*2）之后的部分用于判断前一帧与当前帧的差异，详细说明参见前面的程序梳理。注释（*3）处，提取有变化的区域，借助机器学习模型逐个判断是否包含热带鱼。找到包含热带鱼的区域，则使用绿色方框进行标记。注释（*4）处，输入图像数据，判断其中是否包含热带鱼。注释（*5）处，确认热带鱼的数量是否大于阈值（3条），符合条件则将图像保存在bestshot文件夹中。

改良提示

本节读取了海中拍摄的视频，判断其中是否包含热带鱼。热带鱼为移动的物体，因此根据视频的变化，提取其所在的区域，再利用机器学习模型判断中间是否包含有热带鱼。虽然本节中的程序是依靠差异提取的区域，但对于人类的脸部，或是有着特定颜色的物体等，具有一定特征的对象则无须判断差异，直接从每帧的图像中提取出所需内容即可。

应用提示

　　除了已经保存好的视频，通过网络摄像头获取的画面，同样能够进行实时处理，因此这种技术可以运用在监视摄像头、工厂生产线监控等各类场景中。

专栏

OpenCV与NumPy相关

　　使用OpenCV的图像读取imread()函数，会把获取到的图像数据存为数值计算库NumPy中的数组格式（ndarray型）。想必无须笔者过多赘述，毫无疑问NumPy是非常强大的数值计算库，使用NumPy能够轻松处理多维数组。因此在各类编程语言中运用OpenCV时，再将NumPy搭配到一起，不仅可以使用OpenCV中丰富的功能，还能发挥出NumPy强大的矩阵运算能力，正可谓是如鱼得水、如虎添翼。因此，这里重新对OpenCV与NumPy的联合使用方法进行总结。

● 通过NumPy处理读取到的图像

　　与本节之前介绍的相同，使用OpenCV的imread()函数读取图像数据后，函数返回值的数据类型为numpy.ndarray。

　　可以在Jupyter Notebook中尝试验证。

```
import cv2
img = cv2.imread("test.png")
print(type(img))
```

　　执行程序之后，会显示以下内容。通过imread()函数读取到的图像，可以使用NumPy中各种滤波功能进行处理。

```
<class 'numpy.ndarray'>
```

● 尝试反色处理

　　作为使用NumPy的示例，制作进行反色处理的程序，实际感受一下OpenCV与Python 组合的威力。

▼ negaposi.py

```
import matplotlib.pyplot as plt
import cv2

# 读取图像
img = cv2.imread("test.jpg")
# 反色
```

```
img = 255 - img
# 展示图像
plt.imshow(cv2.cvtColor(img, cv2.COLOR_BGR2RGB))
plt.show()
```

　　以下内容为执行程序之后的结果。可以看到，反色处理竟然只需要单独一行代码img = 255 - img就可以完成。当然，这也是因为每个像素均为蓝绿红三原色组成，而每种颜色都以0到255的数值来表示。使用NumPy可以对像素中的所有颜色数值进行计算处理。

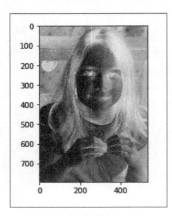

▲ 图像反色后的结果

● 灰度变换

　　在机器学习中有时候需要去除图像的彩色信息，这时候就需要进行灰度化处理，使用cv2.cvtColor()函数即可。将彩色图像灰度化的具体程序如下所示。

▼ gray.py

```
import matplotlib.pyplot as plt
import cv2

# 读取图像
img = cv2.imread("test.jpg")
# 灰度化处理
img = cv2.cvtColor(img, cv2.COLOR_BGR2GRAY)

# 展示图像
plt.imshow(img, cmap="gray")
plt.axis("off")
plt.show()
```

```
In [4]: import matplotlib.pyplot as plt
        import cv2

        # 读取图像
        img = cv2.imread("test.jpg")
        # 灰度化处理
        img = cv2.cvtColor(img, cv2.COLOR_BGR2GRAY)

        # 展示图像
        plt.imshow(img, cmap="gray")
        plt.axis("off")
        plt.show()
```

▲ 图像灰度化后的结果

在改变颜色空间的cv2.cvtColor()函数中，第2项参数可以指定下表中的常量。另外，在OpenCV中有150种以上颜色空间变换的处理方法，以下内容仅为常用的部分。

常量	效果
cv2.COLOR_BGR2GRAY	BGR彩色图像灰度化处理
cv2.COLOR_RGB2BGR	RGB彩色图像转为BGR彩色图像
cv2.COLOR_BGR2YCrCb	BGR彩色图像转为YCrCb
cv2.COLOR_BGR2HSV	BGR彩色图像转为HSV

如果想列出全部的常量，在Jupyter Notebook中执行以下程序即可显示出所有可以使用的常量。

```
import cv2
[i for i in dir(cv2) if i.startswith('COLOR_')]
```

▲ 列举出所有的彩色常量

141

图像的翻转与旋转变换

OpenCV中提供了各种滤镜，用以提高图像的处理效率。其中，包括对图像进行翻转与旋转的操作。作为机器学习中相当有必要的操作，此处总结了翻转与旋转的方法。

在机器学习中，学习数据的扩充能够提高模型的精确度，因而翻转与旋转操作相当重要。详细内容将会在之后的章节中介绍。

● 左右翻转与上下翻转

使用cv2.flip()可以对图像进行左右、上下翻转的操作。

```
import matplotlib.pyplot as plt
import cv2
# 读取图像
img = cv2.imread("test.jpg")
# 原图像展示在左侧
plt.subplot(1, 2, 1)
plt.imshow(cv2.cvtColor(img, cv2.COLOR_BGR2RGB))
# 图像左右翻转
plt.subplot(1, 2, 2)
img2 = cv2.flip(img, 1)
plt.imshow(cv2.cvtColor(img2, cv2.COLOR_BGR2RGB))
plt.show()
```

在Jupyter Notebook中执行之后，将显示以下内容。

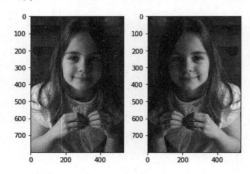

▲ 图像左右翻转的结果

cv2.flip()使用方式如下所示。

代码格式：图像的翻转
cv2.flip(图像数据，翻转方向)

翻转方向参数输入0时会上下翻转，输入1则会左右翻转。以下内容为图像翻转方向输入0时的结果。

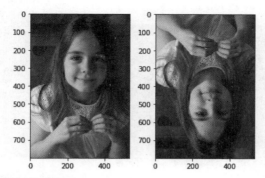

▲ 图像上下翻转的结果

● 图像的旋转

让图像旋转有很多不同的方法。本章在人脸识别一节中，介绍了scipy中ndimage模块的使用方法。在OpenCV中旋转图像的具体方法如下所示。

```
import matplotlib.pyplot as plt
import cv2
# 读取图像
img = cv2.imread("test.jpg")
# 获取图像大小 --- (*1)
h, w, colors = img.shape
size = (w, h)
# 计算图像的中心点 --- (*2)
center = (w // 2, h // 2)

# 获取旋转矩阵 --- (*3)
angle = 45
scale = 1.0
matrix = cv2.getRotationMatrix2D(center, angle, scale)
# 仿射变换 --- (*4)
img2 = cv2.warpAffine(img, matrix, size)

# 原图像展示在左侧
plt.subplot(1, 2, 1)
plt.imshow(cv2.cvtColor(img, cv2.COLOR_BGR2RGB))
# 旋转后的图像展示在右侧
plt.subplot(1, 2, 2)
plt.imshow(cv2.cvtColor(img2, cv2.COLOR_BGR2RGB))
plt.show()
```

执行程序之后会显示逆时针旋转45度的图像，结果如下所示。

143

▲ 图像旋转45度的结果

● 图像的旋转

　　接下来梳理一下程序。注释（*1）处，获取图像的尺寸大小。由imread()获取的nympy.ndarray数据中包含有shape属性，其元组中存有图像的高度、宽度以及颜色通道数。注释（*2）处，通过计算得到图像的中心位置，图像的高度和宽度除以2就是中心点所在的位置。注释（*3）处，使用getRotationMatrix2D函数生成二维旋转变换矩阵，在注释（*4）处，依靠warpAffine()函数进行最终的仿射变换。

　　其中，通过cv2.getRotationMatrix2D()获取旋转变换矩阵的具体格式如下所示。

代码格式：获取旋转变换矩阵
matrix = cv2.getRotationMatrix2D(中心点, 旋转角度, 缩放比例)

　　中心点使用元组（touple）(x,y)输入，角度为0到360度之间。缩放比例为1.0时即等比缩放，如果参数大于1.0则会放大图像。

总 结

→ 使用OpenCV能够实时处理从网络摄像头获取到的画面。

→ 视频文件与网络摄像头的处理方式相差无几。

→ 检查视频每一帧之间的差异便能确定移动部分所在的区域。

→ 利用机器学习可以从视频中提取出任意画面。

第 4 章

自然语言处理

本章将会学习自然语言的处理方法，包括世界各国语言的判定、分析文章、语素解析以及相关工具的介绍。此外，还会介绍Word2Vec等工具的使用方法，以及判断垃圾邮件的方法等。

| 4-1 |

尝试辨别语言

使用机器学习的自然语言处理，从语言识别开始。

相关技术（关键词）	应用场景
● NaiveBayes算法 ● Unicode代码点	● 需要辨别语言种类时

语言识别

　　所谓"语言识别"，即判断文章是由何种语言（中文、英语等）写成的技术。该技术可以运用在各种各样的场景。比如，最近的浏览器在访问英文网站时，会自动将页面中的内容翻译为中文，看到弹出的提示后，才发现页面中的中文是由英语翻译过来的。

▲ 将英文的Wikipedia页面内容翻译为中文

前文所展示的内容，是判断出网页中使用的语言为英语之后，再使用翻译机将英文转换成中文，最后重新显示在页面中。但是该如何分辨出不同的语言呢？本节中将会通过机器学习解决此问题。

尝试使用机器学习辨别语言

一般来说，不同的语言使用的文字也不尽相同。看到文章中包含有平假名与汉字，就能够明白这是"日语"，如果是用韩文写成的，那么文章使用的就是韩语。但是对部分使用相同文字或字母的语言，例如在辨别英文与西班牙语时，则需要以文字的出现频率作为分辨依据。

扫码看视频

以英文字母为例，在英语中使用最多的字母为E，使用频率最少的是Z，详细数据可以参考以下图表，其展示了英语文章中各字母的出现频率。而在不同语言中也会有不一样的出现频率。因而在本节的内容中，将会调查构成文章的文字，依据使用文字的种类及其出现频率辨别语言。

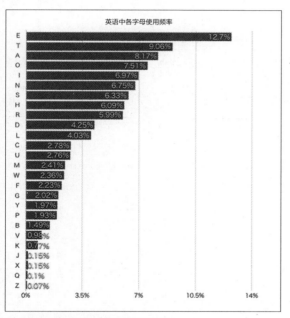

英语中各字母使用频率

E	12.7%
T	9.06%
A	8.17%
O	7.51%
I	6.97%
N	6.75%
S	6.33%
H	6.09%
R	5.99%
D	4.25%
L	4.03%
C	2.78%
U	2.76%
M	2.41%
W	2.36%
F	2.23%
G	2.02%
Y	1.97%
P	1.93%
B	1.49%
V	0.98%
K	0.77%
J	0.15%
X	0.15%
Q	0.1%
Z	0.07%

▲ 英语文章中各个字母的使用频率

尝试利用Unicode代码点来识别语言

接下来尝试制作有监督机器学习程序，辨别所给予文章中使用的是何种语言。应该如何辨别使用的文字？又该如何统计文字的使用频率？本书中将会利用Unicode代码点解决以上问题。具体的使用方法如下所示。

- 准备好作为Unicode代码点地址表的数组。本次将使用地址0~65535（FFFF）的部分。
- 数组的每个条目中，记录对应Unicode代码点的出现频率，初始化时全部赋值0。
- 将文章中的所有文字转换为Unicode代码点，在上述数组对应地址中录入统计频率。

准备大量如上文所述的数组，并注明各自对应的语言种类后交予机器学习进行训练，就可以达到辨别语言的目的。

选择算法

参考过算法速查表之后，可以看到当LinearSVC算法无法完成分类工作，并且使用的数据为文本数据时，速查表给出的算法建议为NaiveBayes（朴素贝叶斯）。在之前的章节中，已经使用过LinearSVC算法，所以本节将会运用NaiveBayes算法。在scikit-learn中有3种NaiveBayes分类器可以使用，此处选择其中较为简单的GaussianNB。

辨别使用不同文字的语言

机器程序在语言识别的过程中，最初需要学习的内容为，如何辨别使用不同文字的语言。作为示例，将会制作分辨日语、英语以及泰语的机器学习程序。

首先，在Jupyter Notebook中创建新记事本。依次单击页面右上角的New→Python 3选项，开启新记事本，然后键入以下程序。

▼ lang.py

```python
import numpy as np
from sklearn.naive_bayes import GaussianNB
from sklearn.metrics import accuracy_score

# Unicode代码点频率统计 --- (*1)
def count_codePoint(str):
    # 建立作为Unicode代码点地址表的数组 --- (*2)
    counter = np.zeros(65535)

    for i in range(len(str)):
        # 将各文字转换为Unicode代码点 --- (*3)
        code_point = ord(str[i])
        if code_point > 65535 :
            continue
        # 地址表数组中对应位置自增1次计数 --- (*4)
        counter[code_point] += 1

    # 各条目除以文字数量进行标准化 --- (*5)
    counter = counter/len(str)
    return counter
```

```
# 准备学习数据
zh_str = '你这个人很好。'
en_str = 'This is English Sentences.'
th_str = 'นี่เป็นประโยคภาษาไทย'

x_train = [count_codePoint(zh_str),count_codePoint(en_str),count_
codePoint(th_str)]
y_train = ['zh','en','th']

# 学习训练 --- (*6)
clf = GaussianNB()
clf.fit(x_train, y_train)

# 准备评估数据
ja_test_str = '你好'
en_test_str = 'Hello'
th_test_str = 'สวัสดี'

x_test = [count_codePoint(en_test_str),count_codePoint(th_test_
str),count_codePoint(zh_test_str)]
y_test = ['en', 'th', 'zh']

# 进行评估 --- (*7)
y_pred = clf.predict(x_test)
print(y_pred)
print("正确率 = " , accuracy_score(y_test, y_pred))
```

在Jupyter Notebook中执行该程序。单击"运行"按钮之后，将会显示以下内容。

```
['en' 'th' 'zh']
正确率 =  1.0
```

每次运行时正确率可能会有所变化，本次得到的结果为100%，可以说该程序已经通过评估，正确地识别出了3种语言。接下来对程序进行梳理。

注释(*1)处，声明用于统计Unicode代码点出现频率的函数。

注释(*2)处，准备作为Unicode代码点地址表的数组，并进行初始化，此处利用的是np.zeros()方法。np.zeros()方法将会根据指定的数量，返回全部初始化为0的数组。

注释(*3)处，将各文字转换为Unicode代码点。Unicode代码点的转换可以使用ord()方法完成。

注释(*4)处，地址表数组对应位置的统计数增加1次。

注释(*5)处，将各条目的统计数除以文字数量，进行标准化。

注释(*6)处，利用GaussianNB生成分类器，使用fit()方法完成学习数据的训练。

注释(*7)处，使用评估数据进行预测，并将预测结果与正确的标签数据对比之后计算正确率，然后显示到页面中。与之前章节相同，预测结果依靠predict()方法，计算正确率利用的是accuracy_score()方法。

总结前文可知，使用不同文字的语言，能够通过机器学习进行识别。

辨别拥有相同文字的语言

在分辨出使用不同文字的语言后，下一步就是尝试识别拥有相同文字的语言。作为示例程序，将会辨识使用拉丁字母（Latin Alphabet）的英语、西班牙语以及德语的文章。

对于拥有相同文字的语言，需要准备更加充分的学习数据，如此方能在一定程度上判断文字的使用频率。本节中将会利用Wikipedia中各语言的数据。

具体做法是从Wikipedia中收集各语言数据，以"（语言种类简称）_（任意名称）.txt"的格式命名并保存。学习用的数据中每种语言各3份（位于示例程序的ch4/lang/train路径下），评估用的数据各1份（位于示例程序的ch4/lang/test路径下），总计备有12份文件。

语言	语言简称
英语	en
西班牙语	es
德语	de

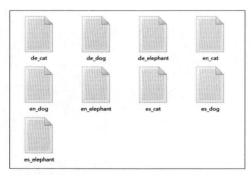

▲ 学习数据一览

首先需要将文件上传至Jupyter Notebook中。第一步是创建学习数据与评估数据的文件夹。依次单击页面右上角的New→Folder选项之后，将会创建名为Untitled Folder的文件夹。

▲ 创建新文件夹

　　然后单独勾选Untitled Folder文件夹前的复选框，并单击页面左上角的Rename按钮更改文件夹名称。学习数据文件夹命名为train，评估数据文件夹则为test。

▲ 更改文件夹名称

　　接着上传学习数据与评估数据。分别进入train及test路径下，单击页面右上角的Upload按钮，并选择相应的文件。

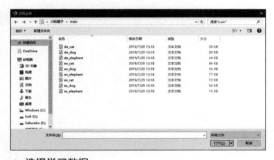

▲ 选择学习数据

　　之后依次单击"上传"按钮。

▲ 上传学习数据

　　在成功上传学习数据与评估数据后，就可以开始制作语言识别程序。首先在Jupyter Notebook中创建新记事本，回到根目录之后，依次单击页面右上角的New→Python 3选项，开启新记事本，然后键入以下程序。

▼ lang2.py

```python
import numpy as np
from sklearn.naive_bayes import GaussianNB
from sklearn.metrics import accuracy_score
import glob

# Unicode代码点频率统计
def count_codePoint(str):
    # 初始化作为Unicode代码点地址表的数组
    counter = np.zeros(65535)

    for i in range(len(str)):
        # 将各文字转换为Unicode代码点
        code_point = ord(str[i])
        if code_point > 65535 :
            continue
        # 地址表数组中对应位置的计数自增1次
        counter[code_point] += 1

    # 各条目除以文字数量进行标准化
    counter = counter/len(str)
    return counter

# 准备学习数据 --- (*1)
index = 0
x_train = []
y_train = []
for file in glob.glob('./train/*.txt'):
    # 获取语言种类，设定标签数据 --- (*2)
    y_train.append(file[8:10])
```

```
    # 将文件内的字符串合并后，统计各Unicode代码点出现的频率，并保存为输入数据 --- (*3)
    file_str = ''
    for line in open(file, 'r'):
        file_str = file_str + line
    x_train.append(count_codePoint(file_str))

# 学习数据
clf = GaussianNB()
clf.fit(x_train, y_train)

# 准备评估数据 --- (*4)
index = 0
x_test = []
y_test = []
for file in glob.glob('./test/*.txt'):
    # 获取语言种类，设定标签数据
    y_test.append(file[7:9])

    # 将文件内的字符串合并后，统计各Unicode代码点出现的频率，并保存为输入数据
    file_str = ''
    for line in open(file, 'r'):
        file_str = file_str + line
    x_test.append(count_codePoint(file_str))

# 进行评估
y_pred = clf.predict(x_test)
print(y_pred)
print("正确率 = " , accuracy_score(y_test, y_pred))
```

在Jupyter Notebook中执行该程序。单击"运行"按钮之后，将会显示以下内容。（译注：如果出现错误提示UnicodeDecodeError: 'gbk' codec can't decode byte 0x9c in position 90: illegal multibyte sequence，在读取学习以及评估数据部分，调用open函数的两个地方，需要加入encoding参数，将代码改为for line in open(file, 'r', encoding = 'utf-8'):之后即可正确执行）

```
['es' 'en' 'de']
正确率 = 1.0
```

正确率随着每次运行会有少许变化，但是本次结果达到100%，可以说该程序已经通过了语言识别的评估。接下来，对程序进行梳理。

注释(*1)处，是准备学习数据的起始点，初始化各数据之后，使用glob()方法获取train文件夹中所有文本数据文件的列表。

注释(*2)处，通过文件名获取语言的种类，并存为标签数据。file变量中存入的内容，是类似于./train/de_dog.txt的文件路径，因此取出第9（索引从0开始所以输入8）到第10个字符即为所需标签。

注释(*3)处，读取文件中的字符串之后，调用count_codePoint()方法，根据Unicode代码点的出现频率进行向量化。

注释(*4)处，使用与准备学习数据时相同的方法，准备好评估数据。因为file变量中的内容类似于./test/de_lion.txt，所以在获取语言标签数据时，字符串的截取位置也会有所不同，需要多加注意。

本节内容至此，包含相同文字的不同语言，也成功通过机器学习进行了分辨。

应用提示

实际上，语言识别程序可以运用的场景相对来说比较少，但是运用Unicode代码点出现频率的方法，可以应用在其他情形中。

例如，同样是日语，不同人惯用的词汇以及表达方式都不尽相同，因此可以根据标点符号的使用情况、平假名、片假名、汉字的种类和出现频率，判断文字出于何人之笔等，有着很广泛的应用空间。

总 结

→ 将Unicode代码点的出现频率运用于机器学习之中，能够辨识不同的语言。

→ 语言识别中可以使用NaiveBayes算法。

→ 在机器学习中运用的Unicode代码点出现频率方法，也可应用在其他情形。

|4-2|

尝试将文本分割成词

对中文进行语素分析就是对句子或文章进行分词操作，分析其词性和成分。作为自然语言处理中不可或缺的技术，本节将会介绍语素分析（将文章分割成单个词语）的方法，以及语素分析工具jieba的相关用法。

相关技术（关键词）	应用场景
● 语素分析 ● jieba分词	● 对中文进行自然语言处理时

语素分析

所谓语素分析（中文常称为自动分词）就是根据对象语言的语法、词典（附有词类信息的词汇列表），将文章分割成具有含义的最小单位（语素），并标注出各个语素的词类信息。语素分析可以应用于各个领域，在涉及自然语言处理的机器学习中是不可或缺的技术。

扫码看视频

英语的语素分析相对简单一些，因为绝大部分英文单词之间都会有明确的间隔进行区分，即单词与单词之间有空格。对于it's、don't等例外情况，只要遵循简单的规则，将其变为it is、do not之后，就能简单地分解成语素。英文文本以单词为单位将文本断开书写，可以说在一开始就已经是被分解成语素的状态。

但是对于中文来说，词与词之间没有明确的区分，词语划分的规则比较复杂，语素分析相对比较困难。不过现在有不少相关的研究，因此，我们可以找到很多公开的语素分析开源库等相关资料。

本节主要使用jieba（结巴）工具对中文进行语素分析，从单词或词语的角度进行考虑，语素可以将文本解析成名词、动词、形容词等。如果对一个句子或文本进行语素分析，比如将名词作为关键词提取，可以扩大数据的分析范围。比如对句子"我们都是好孩子"进行语素分析，可以分解成以下语素。

```
我们 ········ 代词
都 ········ 副词
是 ········ 动词
好孩子 ······ 名词
```

语素分析模块jieba

jieba是一个开源库，在GitHub上大受欢迎，并且用户使用频率也比较高，在GitHub上的链接地址如下。

GitHub链接

https://github.com/fxsjy/jieba

通过程序处理数据就必须将需要的信息单独提取。jieba最流行的功能是分词，除此之外还可以进行关键词抽取、词频统计、添加自定义词典、词性标注等。jieba支持以下四种分词模式：

● **精确模式：** 将句子以最精确的形式切分开，适用于文本分析。
● **搜索引擎模式：** 在精确模式的基础上对比较长的词语再次切分，提高召回率，适用于搜索引擎分词。
● **全模式：** 将句子中所有可以成词的词语都扫描出来，速度很快，但是不能解决歧义。
● **paddle模式：** 利用PaddlePaddle深度学习框架，训练序列标注（双向GRU）网络模型实现分词，支持词性标注。使用该模式需要安装paddlepaddle-tiny。

在使用jieba对文本进行语素分析时，需要先安装，并导入到程序中。在Windows系统中的安装命令如下。

```
pip install jieba
```

在对中文文本进行语素分析时，首先需要将其切分成词语。使用jieba实现分词功能的方法主要有以下几种：

● **jieba.cut()：** 返回值是一个可迭代的generator，可以通过for循环获取分词操作后得到的每一个词语。该方法主要接收三个参数。第一个参数是需要分词的字符串。第二个参数cut_all用来控制是否采用全模式，该参数值为True表示采用全模式分词，值为False表示采用精确模式分词，默认值为False。第三个参数HMM用于控制是否使用HMM模型，默认值为True。
● **jieba.cut_for_search()：** 返回值也是一个可迭代的generator。该方法主要接收两个参数。第一个参数是需要分词的字符串。第二个参数是HMM，用于控制是否使用HMM模型，默认值为True。

与上面这两个方法比较相似的是jieba.lcut()和jieba.lcut_for_search()，只不过这两个方法返回的是列表（list），而不是generator。另外，待分词的字符串编码方式可以是unicode、UTF-8或GBK，不过不建议直接输入GBK字符串，这样可能会导致编码方式错乱。

下面使用jieba.cut()方法的两种分词模式对文本进行分词操作，体会精确模式分词和全模式分词的差别。

```
import jieba
text= '我们都是好孩子'
# 对句子进行分词，返回的是generator
word_cut = jieba.cut(text)    # 精确模式分词
word_cut2 = jieba.cut(text, cut_all=True)    # 全模式分词
# 使用/连接分词之后的词语
words = '/'.join(word_cut)
words2 = '/'.join(word_cut2)
print(words)    # 输出精确模式分词的结果
print(words2)  # 输出全模式分词的结果
```

在Jupyter Notebook中运行程序后，结果如下所示。第一行是精确模式分词的输出结果，第二行是全模式分词的输出结果。从下面的分词结果可以看出，全模式会将"好孩子"划分成"好孩子"和"孩子"两个词语，而精确模式则不会对"好孩子"进行再次切分操作。

```
我们/都/是/好孩子
我们/都/是/好孩子/孩子
```

下面使用jieba.lcut()方法对同样的文本进行分词操作，返回的结果是列表形式。

```
import jieba
text= '我们都是好孩子'
# 对句子进行分词，返回的是list
word_cut = jieba.lcut(text)
print(word_cut)
```

在Jupyter Notebook中运行程序后，结果如下所示。

```
['我们', '都', '是', '好孩子']
```

下面我们使用jieba对中文文本进行简单的语素分析。在Jupyter Notebook中创建新记事本，依次单击页面右上角的New→Python 3选项，打开新记事本，然后键入以下程序。

▼ Morphological_Analysis.py

```
import jieba              # 导入分词模块
import jieba.posseg       # 导入获取词性的模块

text= '我们都是好孩子'
# 对句子进行分词和词性标注     --- (*1)
word_cut = jieba.posseg.cut(text)

# 输出分词结果和词性     --- (*2)
for word,flag in word_cut:
    print(word + '\t',flag)
```

在使用jieba模块进行语素分析时，需要先使用import语句导入该模块。如果需要获取词语的词性，则还需要导入jieba.posseg模块进行词性标注。将需要分词的文本对象传入jieba.posseg模块的cut()方法中作为参数，可以获取语素分析的结果。

在Jupyter Notebook中执行该程序。依次单击Cell→Run Cell之后，将显示以下内容。（或者直接选择程序所在的单元格，单击"运行"按钮）

▲ 使用jieba进行简单的语素分析

接下来详细说明程序执行之后的结果。对句子进行语素分析之后，jieba会将每个词语切分开并标注词性。

我们	r
都	d
是	v
好孩子	n

上面运行结果中出现的英文词性标注含义如下。如果文本中含有英文，则该部分会被自动标注为eng（英文），其他文本会根据中文的语法进行语素分析并标注词性。

我们	r	→	代词
都	d	→	副词
是	v	→	动词
好孩子	n	→	名词

　　注释(*1)处，使用jieba.posseg.cut()方法对文本进行分词和词性标注。注释(*2)处，通过for循环输出word（单词）和flag（词性）。句子"我们都是好孩子"被分成了4部分，分别是"我们""都""是""好孩子"，每一部分都标注了词性。jieba自带的词性标注功能是使用英文字母进行标注，如果想输出中文词性标注，可以修改程序添加中英文对照字典，相关程序的说明会在后面进行介绍。

自定义中英文对照字典

　　使用jieba分词，默认输出的是英文词性标注结果，不方便读者阅读和理解。如果想将其转换成中文的词性标注结果，需要在程序中定义英文和中文词性的对照字典。比如a表示形容词，d表示副词。我们处理的文本越长，在对照字典中添加的词性标注信息就越多。关于中英文词性的对照关系，可以在网络上进行查询。下面是自定义的中英文对照字典，定义格式如下所示。

▼ 自定义中英文对照字典

```
enTozh = {
    'a'      : '形容词',
    'ad'     : '形容词',
    'ag'     : '形容词',
......省略......
    'y'      : '语气词',
    'z'      : '状态词',
    'un'     : '未知词',
}
```

　　将上面的字典添加到程序中，可以将英文词性标注转换为中文词性标注，相关程序如下所示。

```
import jieba
import jieba.posseg

text= '我们都是好孩子'
# 对句子进行分词
word_cut = jieba.cut(text)
# 定义存储分词结果的列表
word_list = []
# 循环读出每个分词并追加到word_list列表中
for word in word_cut:
    word_list.append(word)
# 定义中英文对照字典     --- (*1)
enTozh = {
    'd'     : '副词',
    'n'     : '名词',
    'r'     : '代词',
    'v'     : '动词',
}
# 获取词语
for words in word_list:
    # 获取词性
    for pos in jieba.posseg.cut(words):
        # 将英文词性标注转换为中文词性标注     --- (*2)
        result=list(enTozh.values())[list(enTozh.keys()).index(pos.
flag)]
    # 输出词语和中文词性
    print(words + '\t', result)
```

在Jupyter Notebook中执行该程序，单击"运行"按钮，结果如下所示。

我们	代词
都	副词
是	动词
好孩子	名词

下面对程序进行梳理。注释(*1)处，定义了中英文对照字典enTozh，用于将英文词性标注转换成中文词性标注。注释(*2)处，通过values()和keys()方法获取字典中的值和键，转换词性结果。

改良提示

　　本节在转换成中文词性标注的基础上，还可以去除停用词（Stop Words）。所谓停用词是指在进行信息检索时，为了节省存储空间和提高搜索效率，在处理文本数据时会自动过滤掉某些字、词语或符号。不过没有任何一个明确的停用词表能够适用于所有工具，停用词表中的停用词都是人工输入，并非自动化生成。

　　那么，在什么情况下会使用停用词处理文本呢？比如将语素分析的结果交给机器学习，判断文章的意图时，不管使用频率是否很高，去除所有无法用于判断文章意图的词，就可以提高判断精度。

　　如果在进行语素分析之前，根据标准对文本进行简单的处理，可以提高结果的精度，比如全角、半角或大小写等形式统一，消除拼写及表述差异等，不仅可以提升语素分析的精确度，将语素分析结果交给机器学习时，也可以提高最终的判断精度。

总　结

→　解析中文文本时，语素分析是必不可少的步骤。

→　使用jieba可以轻松地在Python环境中进行中文的语素分析。

→　使用中英文对照字典可以将英文词性标注转换成中文词性标注。

→　对字符串进行标准化处理也能提高判断精确度。

4-3

尝试将词语的含义向量化

在使用语素分析将文本切分成词语之后，可以对各个词语进行向量化。

相关技术（关键词）	应用场景
● Word2Vec ● gensim	● 对完成切分的词语进行向量化

词向量

使用词向量可以计算词语的含义或计算词语的相似程度。词向量技术是将词语转化成稠密向量，并且对于相似的词，其对应的词向量也相近。对词语进行向量化之后，单个词语之间甚至连文章的含义关系都会被展现出来。

比如计算下面两个词语之间的相似程度。

```
model.wv.similarity("山洞","洞口")
```

根据词语的相似度，将会得到以下结果。

```
0.9989516
```

相较于对词汇进行向量化这一说法，也有看法认为是将词汇的含义嵌入了向量当中，因此，词向量也称为词嵌入。本书中将会使用词向量这一表达方式。

向量在二维或三维中，可以在现实空间展示出来，所以比较简单，易于理解。而词向量通常会有100到200个的维度。使用如此复杂的多维度向量，便可以表现出词汇含义中所包括的复杂信息。

尝试将词语向量化

在之前，我们已经尝试了将文本分割成词语，本节会将词语的含义向量化。词向量就是提供了一种数字化的方法，将自然语言这种符号信息转化为向量形式的数字信息，这样就把自然语言问题转化为机器学习问题。

扫码看视频

Word2Vec

Word2Vec从字面意思上来看，就是Word to Vector，由词到向量的方法。它是由时任Google研究员的托马斯·米科洛夫（Tomas Mikolov）提出的方法，该词汇向量化的技术在深度学习中依然拥有使用空间。

在学习大量文本数据之后，将会完成词的向量化。学习内容总结起来很简单，只需要不断重复以下这一点，就可以推测出词的含义。

● **词与周围其他词之间存在某种联系。**

虽然在实际情况中需要学习大量文本数据才可以获取词语之间的联系，但是此处为了便于理解，列举了简单的例子。

```
文本1：吃苹果
文本2：吃柑橘
```

在这里可以认为苹果和柑橘是相似之物，两个文本都包含了"吃"，也可以认为它们有所关联。同时不难想象，下面这种情况也有可能发生。

```
文本1：喜欢葡萄
文本2：讨厌葡萄
```

这里会得出两个文本拥有"喜欢"与"讨厌"这种包含喜好的相似之处。两个具有相反含义的词语，如果拥有相同的使用方式，会被当成具有相似的向量，这也可以认为是Word2Vec为数不多的缺点之一。Word2Vec有下面两种训练词向量的方式以供选择。

● **Skip-Gram：利用中间词语来预测周围词语。**
● **CBOW：利用语句中周围词语来预测中间词语。**

这里不再赘述两种训练词向量的方式，简单总结一下，Skip-Gram的精度高，但是速度慢；CBOW与之相反，但并不是因为精度低而不能使用。由于这次是试用，所以选择速度更快的CBOW。

准备语料

为了能更好地使用Word2Vec，需要根据目的选择适合的文章用于学习。为了便于制作模型，还需要将准备的文本进行分词处理。这里准备了文本数据《蓝色的海豚岛》，以txt格式保存，编码方式为utf-8。下面通过程序对该文本进行分词处理。

```
import codecs
import jieba
textData='Island_of_the_Blue_Dolphins.txt'          # 需要分词的文本数据
outfile='data_cut.txt'   # 分词完成后保存的文件名

# 使用utf-8的编码方式打开需要分词的文本数据
descsFile=codecs.open(textData,'r',encoding='utf-8')
#进行分词处理
with open(outfile,'w',encoding='utf-8')as f:
    for line in descsFile:
        line=line.strip()
        words=jieba.cut(line)
        # 加载停用词表
        stopwords = [line.strip() for line in open('stopwords.
txt',encoding='utf-8').readlines()]
        for world in words:
            if world not in stopwords:
                f.write(world + ' ')
        f.write('\n')
```

在上面这个程序中，通过utf-8的编码方式打开需要分词的文本数据，然后使用strip()方法去除文本中的空格或换行符等字符。这里分词还是之前介绍的jieba，在上一节的改良提示中对停用词表进行了简单的介绍，这里在程序中加载了准备好的停用词表stopwords.txt，以达到更加精确的分词操作。停用词表的部分内容如下所示。

```
!
"
#
···省略···
哎
哎呀
哎哟
哗
哗啦
哟
···省略···
```

从中我们可以看到，停用词表中不仅包含了标点符号等，还包含了一些文本中的语气词等无实际含义的词语。

下面截取一段分词之前和分词之后的文本进行对比。

"大海那样平静，"拉莫说。"就像一块光滑的石头，没有半点裂缝。"

我弟弟总喜欢把一样东西故意说成是另一样东西。

"大海不是没有裂缝的石头，"我说。"它现在不过是一片没有波浪的水。"

"在我看来它是一块蓝色的石头，"他说。"在它很远很远的边上是一朵小小的云，身子坐在石头上。"

"一朵云不会坐在石头上。不管石头是蓝色的，黑色的，还是别的什么颜色。"

"这朵云就是坐在石头上嘛。"

"云也不会坐在海上，"我说。"海豚坐在海上，海鸥、鸬鹚、海獭和鲸鱼也坐在海上，就是云不坐在海上。"

"那说不定是一条鲸鱼。"

▲ 分词之前的部分文本内容

大海　平静　拉莫　说　就像　一块　光滑　石头　半点　裂缝
弟弟　总　喜欢　东西　说成　东西
大海　裂缝　石头　说　波浪　水
在我看来　一块　蓝色　石头　说　远　远　边上　一朵　小小的　云　身子　坐在　石头
一朵　云　坐在　石头　石头　蓝色　黑色　颜色
这朵　云　坐在　石头
云　坐在　海上　说　海豚　坐在　海上　海鸥　鸬鹚　海獭　鲸鱼　坐在　海上　云　坐在　海上
说不定　一条　鲸鱼

▲ 分词之后的效果

通过程序将分词之后的内容保存为文本文件data_cut.txt，制作模型时将会以该文件为基础。

自然语言处理库gensim

现在我们已经准备好制作模型要用到的语料，可以投入实际学习并训练模型。不过在Python中使用Word2Vec，还需要用到有名的自然语言处理库gensim。关于gensim的安装方式，请参照附录中的相关说明。

使用gensim之后，不仅可以利用Word2Vec进行词的向量化，还可以分析文章主题并对其进行分类等，这在自然语言处理方面有很高的实用价值。

第1章　第2章　第3章　第4章　第5章　第6章

▲ gensim的网站

gensim
[URL] https://radimrehurek.com/gensim/

制作模型

下面开始制作模型,在Jupyter Notebook中键入以下程序。

▼ Word2Vec.py

```
from gensim.models import word2vec
# 读取语料     --- (*1)
sentences = word2vec.Text8Corpus('data_cut.txt')
# 生成模型    --- (*2)
model = word2vec.Word2Vec(sentences, sg=0, window=5, min_count=5)
# 保存模型     --- (*3)
model.save("data.model")
```

如果准备的文本过大,程序有可能会执行一段时间。即使没有反应也并非异常状况,请保持耐心等待。下面对程序进行梳理。

注释(*1)处,读取了分词之后的文本数据,准备作为语料库来使用。注释(*2)处,用于生成模型,其中word2vec.Word2Vec()包含了一些参数,用于指定训练模型的精准度。注释(*3)处,将生成的模型保存为文件,这样以后只需要读取模型文件就可以进行计算。

下面介绍word2vec.Word2Vec()中参数的具体含义。

- **sg**：选择Word2Vec使用的训练词向量的方式，该值默认为0。sg=0表示选择CBOW，sg=1表示选择Skip-Gram。
- **window**：词语学习的前后范围。如果该值设置得过小，则会让关联变得困难。
- **min_count**：对字典进行截断，默认值为5。词频少于min_count次数的词语将会被丢弃。

尝试使用模型进行计算

下面通过程序筛选与指定词语相近的词。在Jupyter Notebook中执行以下程序。

▼ similar.py

```
from gensim.models import word2vec
model = word2vec.Word2Vec.load("data.model")
results = model.wv.most_similar(positive=['大海'])
for result in results:
    print(result)
```

运行程序后，结果如下所示。

```
('做', 0.9988864064216614)
('独木舟', 0.9988290071487427)
('太阳', 0.9987985491752625)
('地方', 0.9987931847572327)
('想', 0.9987804293632507)
('象', 0.9987685084342957)
('岛上', 0.9987524747848511)
('时', 0.9987398386001587)
('海象', 0.998738706111908)
('说', 0.99872887134552)
```

上面的程序中指定了"大海"这一词语，通过most_similar(positive=['大海'])可以找出模型中与该词语接近的词汇。

下面通过程序进行词汇类比。加法计算的部分写入positive中，减法计算的部分则写入negative中。该程序的实现部分与上一个程序几乎相同，只需要改写部分内容即可。

▼ similar2.py

```
from gensim.models import word2vec
model = word2vec.Word2Vec.load("data.model")
results = model.wv.most_similar(positive=['大海','岩石'], negative=['太阳'])
for result in results:
    print(result)
```

运行程序后，结果如下所示。

```
[('岛上', 0.9980154037475586),
 ('珊瑚', 0.9979535937309265),
 ('说', 0.9979467391967773),
 ('镖', 0.9979330897331238),
 ('海象', 0.9979273676872253),
 ('狗', 0.9979209303855896),
 ('地方', 0.9979187846183777),
 ('晚上', 0.9979158639907837),
 ('做', 0.9979121088981628),
 ('时', 0.997910737991333)]
```

从运行结果中可以看出，出现的部分词汇与"大海"和"岩石"相近，但也出现了一些没有预想到的结果。这说明我们在使用学习语料库时，还有改善的空间。

下面通过程序计算两个词语之间的相似性，在Jupyter Notebook中执行以下程序。这里以"山洞"和"洞口"这两个词语为例。

▼ similar3.py

```
from gensim.models import word2vec
model = word2vec.Word2Vec.load("data.model")
results =model.wv.similarity("山洞","洞口")    # 获取两个词语之间的相似性
print(results)
```

运行程序后，结果如下所示。从结果中可以看出，这两个词语的相似性比较高。

```
0.9987361
```

上面程序中使用similarity()方法计算两个指定词语之间的相似性。这里"山洞"和"洞口"两个词语比较接近，如果使用两个相同的词语进行比较，则会得到1.0或十分接近1.0的计算结果。

下面使用model.wv[]获取词语的词向量。在Jupyter Notebook中执行以下程序，获取"洞口"的词向量。

▼ similar4.py

```
from gensim.models import word2vec
model = word2vec.Word2Vec.load("data.model")
results =model.wv["洞口"]   # 获取词向量
print(results)
```

运行程序后，结果如下所示。

```
[-0.04729231        0.10689139         -0.01264547
 0.02296672        -0.02181661         -0.2128538
 0.0644146          0.35642087         -0.15847047
-0.0090265         -0.08652807         -0.16538197
 0.0149982          0.03829838          0.05141805
-0.13589236        -0.00685087         -0.18972813
-0.050321          -0.33971494          0.05645008
 0.08416514        -0.00277335         -0.05735081
-0.1068285          0.05720964         -0.06836427
-0.18214503        -0.16037218          0.07479931
 0.16319323         0.05364356          0.02444053
-0.0160737         -0.04740911          0.21294196
-0.03218585        -0.20633216         -0.17515041
-0.3208637          0.02081696         -0.17057985
-0.07296666         0.00374333          0.17151116
-0.11231398        -0.1260897           0.03665983
 0.09795355         0.09621844          0.1163728
-0.09940924         0.03171752          0.02414405
-0.1071531          0.12111796          0.09499906
 0.00779146        -0.1914489           0.05109838
 0.06958622        -0.00136011         -0.10466523
-0.08971097        -0.22202216          0.12616985
 0.08418871         0.10395326         -0.22030485
 0.18455221        -0.11477617         -0.01076994
 0.14572741        -0.05994184          0.13248423
 0.14096758         0.07766776         -0.04987919
-0.11094914         0.05346389         -0.11599927
-0.00644879        -0.2441698           0.244668
-0.0603111          0.02114834         -0.06650262
 0.19013126         0.26056314          0.06910437
 0.22231509         0.10566792         -0.05823961
 0.07388042         0.24879217          0.24641742
 0.11062202        -0.199825            0.14662814
-0.08792433]
```

　　gensim在自然语言处理中使用非常方便，几行简短的代码就可以训练得出一个词向量。词向量最初是用one-hot representation表征的，不过采用这种方式无法对词向量进行比较，于是就出现了分布式表征。

　　在Word2Vec中采用的是分布式表征，在向量维数比较大的情况下，每一次词语都可以通过元素的分布式权重来表示。因此，向量的每一维都表示一个特征向量，作用于所有单词，而不是简单的元素和值之间的一一映射。这种方式可以抽象地表示一个词语的意义。

　　虽然本节中用于学习的是自己指定的文本数据，但其实只要拥有文本数据集合，可以学习任何内容，例如可以调查普通话与方言之间的相似度。相同的含义，使用不同的语言其表达方式也会不同。我们可以利用语料库中的数据，判断不同的表达方式是否具有相似的含义。

　　除了本节介绍的Word2Vec，还有Doc2Vec，是由Word2Vec发展而来的一种技术，可以将任意长度的文章向量化。由于计算的复杂度比Word2Vec还要高，所以也就意味着需要消耗更多的内存。Doc2Vec也会通过gensim进行调用，使用Doc2Vec能够对文章进行简单的分类。Word2Vec可以用于词的向量化计算，而Doc2Vec则用于文章的向量化计算。

　　另外，与其他机器学习程序相同，不仅语料库的部分需要下功夫，调整生成模型时的参数，也会对结果带来很大的影响。因为没有类似scikit-learn中网格搜索的功能，所以需要花时间进行摸索尝试，或者构思一套独特的机制。

总　结

→ 通过Word2Vec向量化的词汇信息，可以进一步用于其他计算或机器学习中。

→ 推荐、分类等相关的场景中，能够当场直接导入。

→ 词语向量化会大幅度扩展自然语言的处理范围，务必多加利用。

4-4

尝试统计词语的频率

　　一篇文章中总是会频繁地出现某些词语，有时候通过这些词语，我们可以快速得知这篇文章主要讲述了什么。本节将利用语素分析，统计词语出现的频率，从而进行文本挖掘。

相关技术（关键词）	应用场景
● jieba	● 分析文章时
● 词频统计	● 想要检索文本中的词语时

制作语素分析模块

　　我们都知道英文单词之间通过空格进行分隔，可以很方便地对单词进行抽取。而中文则不同，如果不对其进行分词，会很难进行下一步的操作。在前面的小节中，已经介绍了如何使用jieba对中文进行简单的分词，下面将使用jieba制作中文语素分析模块。

扫码看视频

▼ analysis_module.py

```
import re, pprint
import jieba
import jieba.posseg

# 进行语素分析,text是分析对象文本
def analyze(text):
    words = jieba.posseg.cut(text)
    # 定义存储语素和词性的列表
    result = []
    # 从列表中取出分词之后的词语和词性
    for w,token in words:
        # 将词语和词性信息制成列表，追加到result中
        result.append([w,token])
    # 返回分析结果的多重列表
    return(result)
```

```
# 判断词性是否为名词的函数，part是语素分析的词性部分
def keyword_check(part):
    # 若为名词则返回True，否则返回False
    return re.match('n', part )


if __name__ == '__main__':
    print('输入文本')
    # 获取文本
    get_text = input()
    # 分析输入的文本
    pprint.pprint(analyze(get_text))
print(results)
```

接下来分析一下程序创建过程。在analyze(text)函数中，指定了text作为待分析的文本对象。该函数用于从语素分析结果的字符串中获取词语和词性信息。通过jieba.posseg.cut()可以获取分词结果和词性信息，通过for循环将词语和词性以列表的形式追加到result中，从而得到内含列表的列表，即多重列表。定义keyword_check(part)函数则是为了筛选词语的词性，这里筛选的是名词，所以在re.match()的第一个参数位置指定了n。

为了让该程序能被单独使用，这里定义了if __name__ == '__main__':语句。在Anaconda Prompt中运行analysis_module.py，结果如下所示。

```
(base) C:\Users\admin\Desktop\PythonCode\ch4\4-4>python
analysis_module.py
输入文本
语言是人类进行沟通交流的表达方式
Building prefix dict from the default dictionary ...
Loading model from cache C:\Users\admin\AppData\Local\Temp\
jieba.cache
Loading model cost 0.577 seconds.
Prefix dict has been built successfully.
[['语言', 'n'],
 ['是', 'v'],
 ['人类', 'n'],
 ['进行', 'v'],
 ['沟通交流', 'n'],
 ['的', 'uj'],
 ['表达方式', 'l']]

(base) C:\Users\admin\Desktop\PythonCode\ch4\4-4>
```

这里输入的测试文本是"语言是人类进行沟通交流的表达方式"，通过该模型，实现的分词效果如下所示。返回的结果确实是多重列表的形式。

```
[['语言', 'n'],
 ['是', 'v'],
 ['人类', 'n'],
 ['进行', 'v'],
 ['沟通交流', 'n'],
 ['的', 'uj'],
 ['表达方式', 'l']]
```

　　在使用analysis_module模块创建名词频率表之前，我们先使用该模块从文本中抽取名词并保存到文件中。在程序所在的路径下创建一个空白的文本文件save_n.txt，用于保存通过程序提取到的名词。

▼ get_nouns.py

```python
# 导入analysis_module模块        --- （*1）
from analysis_module import *

text_name = ''
# 从文本中读入名词         --- （*2）
def read_text(text):
    # 全局变量
    global text_name
    text_name = text
    # 名词列表
    n_list = []
    pfile = open(text_name, 'r', encoding = 'utf_8')
    # 逐行读入
    p_lines = pfile.readlines()
    pfile.close()

    for line in p_lines:
        # 去掉文本末尾的换行符
        str1 = line.rstrip('\n')
        if (str1!=''):
            n_list.append(str1)
return n_list
# 用于保存名词     --- （*3）
def save(n_list):
    nouns = []
    for n in n_list:
        nouns.append(n + '\n')
    with open(text_name, 'w', encoding = 'utf_8') as f:
        f.writelines(nouns)
# 学习名词，parts表示语素分析结果列表，n_list表示已记录的名词列表   ---(*4)
def study_noun(parts, n_list):
```

```
        for word, part in parts:
            # 当keyword_check()函数的返回值是True时
            if (keyword_check(part)):
                # 设置标记
                isNew = True
                for element in n_list:
                    # 将输入的名词与已有名词匹配
                    if(element == word):
                        isNew = False
                        # 终止循环
                        break
                if isNew:
                    # 将不重复的名词追加到列表中
                    n_list.append(word)
        save(n_list)

if __name__ == '__main__':
    # 读入文本，获取名词列表
    n_lst = read_text('save_n.txt')
    print('输入文本')
    get_text = input()
    # 分析输入的文本
    result = analyze(get_text)
    # 将分析结果和已记录的名词列表作为参数，调用学习函数
    study_noun(result, n_lst)
```

在Anaconda Prompt中运行get_nouns.py后，输入以下文本数据。

我和弟弟来到峡谷口上，这条峡谷婉蜒而下，一直伸展到一个名叫珊瑚湾的小海湾。那里春天生长许多块根植物，我们正是去采集这种野菜的。

之后，程序就会将该文本中的名词提取出来，保存到准备好的文本文件save_n.txt中，保存的名词如下所示。

弟弟
峡谷
条
珊瑚
小
海湾
生长
块根
植物
野菜

　　下面对程序进行梳理。注释（*1）处，通过from analysis_module import *导入了之前创建的模块。注释（*2）处，定义了用于读取文本数据的函数read_text()，处理文本中的换行符、空格等。注释（*3）处，定义了用于保存名词的函数save()。注释（*4）处，定义了学习名词的函数study_noun()，将不重复的名词全部追加到列表中。

创建名词频率表

　　下面使用analysis_module模块，从保存的文本中抽取名词，并计算名词出现的次数，从而创建名词频率表，相关程序如下所示。

扫码看视频

▼ word_frequency_count.py

```
# 导入analysis_module模块
from analysis_module import *

# 用于读入文本文件，返回语素分析结果        --- （*1）
def get_result(file):
    with open(file, 'r', encoding = 'utf_8' ) as f:
        text = f.read()
    # 去除文末换行符
    text = re.sub('\n', '', text)
    word_dic = {}
    # 以列表形式获取语素分析的结果   --- （*1）
    analyze_list = analyze(text)
    # 从两个参数中抽取多重列表的元素
    for word, part in analyze_list:
        # 当keyword_check()函数的返回值为True时
        if (keyword_check(part)):
            # 字典中是否含与词语相同的键
            if word in word_dic:
                # 对键的值加1
                word_dic[word] += 1
            # 若无对应值
            else:
                # 以词语为键，值为1
                word_dic[word] = 1
    # 返回频率表字典
    return(word_dic)

# 输出频率表   --- （*2）
```

```
def show(word_dic):
    # 将排序标准（key）作为字典的值，降序排序
    for word in sorted(word_dic, key = word_dic.get, reverse =
True):
        # 输出键（词语）和值（频率）
        print(word + '(' + str(word_dic[word]) + ')')

if __name__ == '__main__':
    file_name = input('请输入文件名>>>')
    # 获取频率表
    freq = get_result(file_name)
    show(freq)
```

在Anaconda Prompt中运行word_frequency_count.py后，会将指定文件中名词的频率输出到屏幕中，结果如下（省略了部分输出的词频结果）。

```
(base) C:\Users\admin\Desktop\PythonCode\ch4\4-4>python
word_frequency_count.py
请输入文件名>>>Island_of_the_Blue_Dolphins.txt
Building prefix dict from the default dictionary ...
Loading model from cache C:\Users\admin\AppData\Local\Temp\
jieba.cache
Loading model cost 0.540 seconds.
Prefix dict has been built successfully.
人(215)
山洞(118)
地方(109)
朗(109)
图(107)
岩石(94)
阿留申(93)
时候(93)
礁石(87)
峭壁(86)
海獭(84)
镖(84)
东西(81)
船(71)
象(68)
枪(67)
野狗(62)
狗(60)
眼睛(59)
父亲(57)
海象(57)
```

```
· · ·省略· · ·
神父 ( 1 )
国土 ( 1 )
大洋 ( 1 )
一带 ( 1 )
远游 ( 1 )
水泡 ( 1 )
全文完 ( 1 )
```

　　下面对程序进行梳理。注释（*1）处，定义了函数get_result()，用于读入文本文件，返回语素分析结果。在该函数中会以列表形式获取语素分析的结果。注释（*2）处，定义函数show()输出频率表。通过sorted()将排序标准作为字典的值，并指定排序方式为降序，最终输出词语和对应的频率。

应用提示

　　本节主要对文本中的名词进行了统计并输出，还可以修改程序实现其他词性的词频统计，或者通过生成词云图获取文章中的主要关键词。对文章进行统计并分类，也可以应用到相关产品的推荐中。

总　结

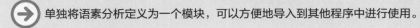 单独将语素分析定义为一个模块，可以方便地导入到其他程序中进行使用。

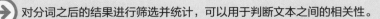 对分词之后的结果进行筛选并统计，可以用于判断文本之间的相关性。

177

4-5

尝试自动生成文本

在本章前几节中，主要的关注点都聚集在如何理解输入的文章（语素解析）上。而本节将会挑战如何生成文章，其中会运用到名为马尔可夫链的技术。

相关技术（关键词）	应用场景
● 马尔可夫链	● 在自动写作时

关于马尔可夫链

所谓马尔可夫是链指未来状态仅由当前状态所决定（与过去状态无关）的随机选择过程。假设存在n个状态（{s1，s2，s3,⋯⋯，s(n)}），从现在的状态s(i)转移到下一个状态s(j)的概率，由 P（s(j)|s(i)）决定（未来的状态仅由现在的状态决定）。

利用马尔可夫链以及现有的文章，就能够自动生成文本。接下来，就展示如何利用马尔可夫链进行自动写作。

根据马尔可夫链生成文本的方法

使用马尔可夫链进行自动写作时，大体上分为以下3个步骤。

(1) 将输入的文章分解成单个词语（语素解析）。
(2) 制作字典。
(3) 从起始点词语开始，根据字典进行写作。

关于第（1）点，也就是语素解析，已经在本章前几节介绍过。本节主要针对（2）和（3）进行详细的说明。

制作字典

在马尔可夫链的字典中，会将构成文章各个词语的前后连接关系记录下来。为了便于理解，下面通过一个句子进行说明，注意观察该句中的词语是以怎样的方式连接起来的。

我->是->讨厌->聊天->的->女生->。

从上面这个句子中可以看出，接在"我"后面的是"是"，"是"后面是"讨厌"，"讨厌"后面是"聊天"，连接情况依次类推。接下来，我们再看一个句子。

我->讨厌->的->是->聊天->和->阴天->。

将这两个句子的连接方式汇总成以下结果。将"我""讨厌"等多次出现的词语汇总成一列，汇总方式如下。

```
我....................->是，讨厌
是....................->讨厌，聊天
讨厌.................->聊天，的
聊天.................->的，和
的...................->女生，是
女生...............->。
和.................->阴天
阴天.............->。
```

从上面的连接规则中可以看出，"我"后面的词语为"是"或"讨厌"，符合中文的基本语法规则。这里以"是"为例。

我->是

"是"后面有"讨厌"和"聊天"，这里选择"聊天"。

我->是->聊天

连接在"聊天"后面的是"的"和"和"，这里选择"和"。

我->是->聊天->和

连接在"和"后面的是"阴天"，最后得到一个完整的句子，结果如下所示。

我->是->聊天->和阴天

从句子所表达的含义上来看，该句语意不清，但是这个句子符合"我是xx和yy"的句子结构。这种方式的要点在于，不必采用套用模板的方法来创作独立的语句，而且还存在一定的随机性。

句子中词语的顺序具有一定的规律性，比如"聊天"后面不可以连接"我"。因此，只要从文本中将词语和连接信息同时抽取出来，就可以根据规律进行学习。在创作文本时，基于"连接信息"将词语和词语之间连接起来。如果存在多个词语可供选择的话，则随机选择一个词语进行连接。这样既可保有词语之间的连接，也能够创作出混合了多个语句的文本。

尝试利用马尔可夫链自动生成文本

如果文章中出现了词语1，那么根据词语1可以对出现在该词语后的词语进行一定程度的预测。据马尔可夫链，用于表示状态变化的概率模型称为马尔可夫模型。根据词语连接分析文章的方法，以及创新文章的方法，都是以马尔可夫模型为基础的方法。

扫码看视频

对于马尔可夫字典来说，在A->B的词语连接中，将A称为前缀（出现在前面的词语），B为后缀（出现在后面的词语）。在程序中，可能会有两个或三个词语作为前缀。如果前缀只有一个词语，很容易导致构成要素过少，语句不通顺的情况发生。如果前缀词语数量过多，容易出现直接输出原始语句的情况。

下面，将两个句子通过三个词语前缀的马尔可夫字典表示出来。

我是喜欢编程的女孩的同学。
我喜欢编程的女孩的原因是因为它。

通过分析句子，拆分出前缀和后缀，结果如下所示。

前缀				后缀	
前缀1	前缀2	前缀3			
'我'	'是'	'喜欢'	···->'编程'		
'是'	'喜欢'	'编程'	···->'的'		
'喜欢'	'编程'	'的'	···->'女孩'	------>	重复
'编程'	'的'	'女孩'	···->'的'	------>	重复
'的'	'女孩'	'的'	···->'同学'	------>	重复
'女孩'	'的'	'同学'	···->'。'		
'的'	'同学'	'。'	···->'我'		
'同学'	'。'	'我'	···->'喜欢'		
'。'	'我'	'喜欢'	···->'编程'		
'我'	'喜欢'	'编程'	···->'的'		
'喜欢'	'编程'	'的'	···->'女孩'	------>	重复
'编程'	'的'	'女孩'	···->'的'	------>	重复
'的'	'女孩'	'的'	···->'原因'	------>	重复
'女孩'	'的'	'原因'	···->'是'		
'的'	'原因'	'是'	···->'因为'		
'原因'	'是'	'因为'	···->'它'		
'是'	'因为'	'它'	···->'。'		

从上面的结果中可以看到，前缀和后缀会有重复的情况。下面汇总了前缀的重复情况。

```
'喜欢'        '编程'        '的'        ···->'女孩'
'编程'        '的'         '女孩'       ···->'的'
'的'         '女孩'        '的'        ···->'同学','原因'
```

在生成语句时，连接在三个词语前缀后的后缀是随机选择的。在接下来的操作中，将前缀2、前缀3以及后缀作为新的前缀，并随机选择连接在后面的后缀。以句子"我喜欢编程的女孩的同学"为例。

第一次：选择"我->喜欢->编程"后面的词语，连接在其后的只能是"的"，结果如下所示。

```
我->喜欢->编程->的
```

第二次：选择连接在"喜欢->编程->的"后面的词语。由于后缀重复的问题，这里选择的词语是"女孩"。

```
我->喜欢->编程->的->女孩
```

第三次：选择"编程->的->女孩"后面的词语，可供选择的只有"的"，结果如下所示。

```
我->喜欢->编程->的->女孩->的
```

第四次：选择"的->女孩->的"后面的词语，可以选择的有"同学"和"原因"，这里选择"同学"，结果如下所示。

```
我->喜欢->编程->的->女孩->的->同学
```

之后连接在"女孩->的->同学"后面的只有"。"，经过以上选择操作，生成了以下语句。

我喜欢编程的女孩的同学。

下面，将通过程序介绍马尔可夫字典的实现过程。

▼ markov.py

```
import jieba
import re
import random
```

181

```python
# 马尔可夫字典
markov = {}
# 已创建的文本
sentence = ''

# 定义语素分析函数，进行分词
def parse(text):
    t = jieba.cut(text)
    # 包含语素的列表
    result = []
    # 从列表中逐个取出Token对象
    for token in t:
        result.append(token)
    # 将语素列表作为返回值
return(result)

# 用于读入文件创建语素列表        ----(*1)
def get_morpheme(filename):
    with open(filename, 'r', encoding = 'gbk') as f:
        text = f.read()
    text = re.sub('\n','', text)
    # 将所有文本代入参数中
    wordlist = parse(text)
    # 将语素列表作为返回值返回
    return wordlist

# 创建马尔可夫字典        ----(*2)
def create_markov(wordlist):
    # 前缀
    p1 = ''
    p2 = ''
    p3 = ''
    for word in wordlist:
        # 判断p1、p2、p3中是否都有值
        if p1 and p2 and p3:
            # 在markov中是否有键(p1, p2, p3)
            if (p1, p2, p3) not in markov:
                markov[(p1, p2, p3)] = []
            markov[(p1, p2, p3)].append(word)
        # 替换3个前缀的值
        p1, p2, p3 = p2, p3, word
# 在马尔可夫字典中创建文本并保存到sentence            ----(*3)
def generate(wordlist):
    global sentence
    # 随机取出markov的键，代入前缀1~3
    p1, p2, p3 = random.choice(list(markov.keys()))
    count = 0
    while count < len(wordlist):
        if ((p1, p2, p3) in markov) == True:  # 检查是否存在键
```

```
        tmp = random.choice(
            # 获取构成文本的单词
            markov[(p1, p2, p3)])
        # 将获取的单词追加到sentence中
        sentence += tmp
        # 替换3个前缀的值
        p1, p2, p3 = p2, p3, tmp
        count += 1
    sentence = re.sub('^.+?。', '', sentence)
    if re.search('.+。', sentence):
        sentence = re.search('.+。', sentence).group()
    # 删除标点符号
    sentence = re.sub('"', '', sentence)
    sentence = re.sub('"', '', sentence)
    sentence = re.sub(' ', '', sentence)

# 将有重复sentence的文本删除           ----（*4）
def overlap():
    global sentence
    sentence = sentence.split('。')
    # 若在元素分隔出有空字符则删除空字符
    if '' in sentence:
        sentence.remove('')
    # 暂时保存已处理文本的列表
    new = []
    # 取出sentence元素，在末尾处添加句号(。)
    for str in sentence:
        str = str + '。'
        if str=='。':
            break
        new.append(str)
    # 将new的内容更改为集合，删除重复元素
    new = set(new)
    sentence=''.join(new)
if __name__ == '__main__':
    # 指定文件名创建语素列表
    word_list = get_morpheme('sample.txt')
    # 创建马尔可夫字典
    create_markov(word_list)
    while(not sentence):
        # 创建文本
        generate(word_list)
        # 删除重复文本
        overlap()
    print(sentence)
```

该程序选择的测试文本是《蓝色的海豚岛》中的一小段内容。

阿留申人驾船来到我们岛那天的情形我还记得。起初那船浮在海面上像一个小小的贝壳，后来渐渐变大，像一只收起翅膀的海鸥。最后在初升的太阳中显出它的本来面目——原来是一艘挂着两张红帆的红船。

我和弟弟来到峡谷口上，这条峡谷蜿蜒而下，一直伸展到一个名叫珊瑚湾的小海湾。那里春天生长许多块根植物，我们正是去采集这种野菜的。

我弟弟拉莫还是个小孩，只有我一半大，我当时才十二岁。对那些活过许多岁月的人来讲，他真是小得可以。他手快脚快，像只蟋蟀，兴奋起来也正好跟蟋蟀一样愚蠢。正因为这个缘故，为了让他多帮我采集一些野菜，不要到处乱跑，我对我看到的贝壳或是收起翅膀的海鸥，都闭口不说。

我用削尖的木棍在灌木丛中挖个不停，好像海上什么事情也没有发生似的。即使当我确定那只海鸥原来是一艘挂着两张红帆的大船时，我也没有吭声。可是世界上什么事情都很少瞒得过拉莫的眼睛。他有一对黑得像蜥蜴一样的眼睛，很大很大，而且跟蜥蜴的眼睛一模一样，有时候看上去睡眼朦胧，其实这正是它看东西看得最清楚的时候。拉莫的眼睛现在正是这样，半睁半闭，跟一只蜥蜴躺在石头上，正准备弹出舌头去捕捉苍蝇时完全相像。

"大海那样平静，"拉莫说。"就像一块光滑的石头，没有半点裂缝。"

我弟弟总喜欢把一样东西故意说成是另一样东西。

"大海不是没有裂缝的石头，"我说。"它现在不过是一片没有波浪的水。"

"在我看来它是一块蓝色的石头，"他说。"在它很远很远的边上是一朵小小的云，身子坐在石头上。"

"一朵云不会坐在石头上。不管石头是蓝色的，黑色的，还是别的什么颜色。"

"这朵云就是坐在石头上嘛。"

"云也不会坐在海上，"我说。"海豚坐在海上，海鸥、鸬鹚、海獭和鲸鱼也坐在海上，就是云不坐在海上。"

"那说不定是一条鲸鱼。"

在Anaconda Prompt中运行markov.py后，自动生成的文本结果如下所示。

即使当我确定那只海鸥原来是一艘挂着两张红帆的红船。　大海不是没有裂缝的石头，他说。拉莫的眼睛现在正是这样，半睁半闭，跟一只蜥蜴躺在石头上，正准备弹出舌头去捕捉苍蝇时完全相像。那说不定是一条鲸鱼。我用削尖的木棍在灌木丛中挖个不停，好像海上什么事情也没有发生似的。正因为这个缘故，为了让他多帮我采集一些野菜，不要到处乱跑，我对我看到的贝壳或是收起翅膀的海鸥，都闭口不说。它现在不过是一片没有波浪的水。可是世界上什么事情都很少瞒得过拉莫的眼睛。对那些活过许多岁月的人来讲，他真是小得可以。拉莫的眼睛。他有一对黑得像蜥蜴一样的眼睛，很大很大，而且跟蜥蜴的眼睛一模一样，有时候看上去睡眼朦胧，其实这正是它看东西看得最清楚的时候。我弟弟拉莫还是个小孩，只有我一半大，我当时才十二岁。他手快脚快，像只蟋蟀，兴奋起来也正好跟蟋蟀一样愚蠢。

在上面的程序中，分别将各个操作以函数的形式进行封装。下面主要对程序中的几个函数进行说明。

注释（*1）处，定义函数get_morpheme()读入文件创建语素列表。通过text = f.read()一次性读入数据，然后使用re.sub()方法删除句末的换行符。

注释（*2）处，函数create_markov()用于创建马尔可夫字典。将p1、p2、p3三个变量作为前缀，在for循环中判断它们是否都有值，如果没有，则追加键值对。在该函数中，马尔可夫字典保存在markov中。对于三个前缀的连接，会带有一个经过汇总的后缀。

注释（*3）处，函数generate()在马尔可夫字典中创建文本并保存到sentence中。通过random.choice()随机取出markov的键，代入到三个前缀中。因为字典元素的顺序并不固定，所以键在返回之后，其顺序也是被打乱的。

注释（*4）处，overlap()函数用于删除重复的文本。在创建的过程中，生成的文本会先在"。"处进行切分，生成列表。之后通过set()函数将其更改为集合，即可自动删除重复元素。这是因为集合中的元素都是唯一的。

根据以上分析，下面来看一下马尔可夫字典markov的结构。"3个词语前缀的马尔可夫字典"的数据结构可以用"以3个元素为键的字典"表示，键的值则为后缀列表。马尔可夫字典的数据结构如下所示。由于字典的键是不可变的，所以如果键有多个文字列的话，可以将其制成元组。

```
{（前缀1，前缀2，前缀3）：[后缀列表]}
```

以下面两个句子为例，制作马尔可夫字典。

```
我是喜欢编程的女孩的同学。
我喜欢编程的女孩的原因是因为它。
```

生成的马尔可夫字典如下所示。

```
markov = {
（'我'　，　'是'　，　'喜欢'）：['编程']
（'是'　，　'喜欢'　，　'编程'）：['的']
（'喜欢'　，　'编程'　，　'的'）：['女孩']
（'编程'　，　'的'　，　'女孩'）：['的']
（'的'　，　'女孩'　，　'的'）：['同学'　，　'原因']
（'女孩'　，　'的'　，　'同学'）：['。']
（'的'　，　'同学'　，　'。'）：['我']
（'同学'　，　'。'　，　'我'）：['喜欢']
（'。'　，　'我'　，　'喜欢'）：['编程']
（'我'　，　'喜欢'　，　'编程'）：['的']
（'女孩'　，　'的'　，　'原因'）：['是']
（'的'　，　'原因'　，　'是'）：['因为']
（'原因'　，　'是'　，　'因为'）：['它']
（'是'　，　'因为'　，　'它'）：['。']
}
```

在生成字典的过程中，只有三个前缀都有值的情况下，才可以将后缀作为键的值代入。通过for循环对词语表中的所有元素反复操作后，就完成了马尔可夫字典。

在create_markov()函数中，通过for语句循环3次操作才会将字典中的键全部填充完。以下是for循环的三次循环。

通过第一次for循环填充了前缀"我"。

```
{ ('我', (空), (空) ) : [ ] }
```

通过第二次for循环填充了前缀"是"。

```
{ ('我', '是', (空) ) : [ ] }
```

通过第三次for循环填充了前缀"喜欢"。

```
{ ('我', '是', '喜欢' ) : [ ] }
```

在重复三次for循环之后,所有的前缀中都会存在一个值。因此,在第四次for循环时会跳过对外侧if语句的判断,直接对嵌套在里面的if语句进行判断。在执行markov[(p1, p2, p3)] = []语句后会创建键值对,并记录到markov字典中。通过append()方法对markov进行追加,则markov字典中将包含三个前缀和一个后缀。

▼ 前缀和后缀

前缀1	前缀2	前缀3	后缀
'我'	'是'	'喜欢'	'编程'

通过循环操作,字典中会不断填充新的前缀和后缀。以下是第二个键值对的记录。

```
{
('我', '是', '喜欢' ) : [ '编程' ]
('是', '喜欢', '编程' ) : ['的']
}
```

用for代码块对词语表中的所有元素进行反复操作之后,马尔可夫字典就完成了。在for的第1次操作到第3次操作中,通过[p1.p2.p3=p2.p3.word]进行下述操作之后,可以将前缀进行输入。

▼ 第一次操作

```
p1=(空)    p2=(空)    p3='我'    word='我'
```

▼ 第二次操作

```
p1=(空)    p2='我'    p3='是'    word='是'
```

▼ 第三次操作

```
p1='我'     p2='是'     p3='喜欢'       word='喜欢'
```

只在for循环开始的三次循环中按顺序输入3个前缀。从第四次开始，因为已经输入了3个前缀，所以在继续外侧if语句之后嵌套的if语句完成之后，开始字典数据的创建。

根据生成的马尔可夫字典，使用markov.keys()返回dict.keys对象，提取键之后并排序，结果如下所示。

```
dict_keys(
[
('我'  ,  '是'  ,  '喜欢'),
('是'  ,  '喜欢'  ,  '编程'),
('喜欢'  ,  '编程'  ,  '的'),
('编程'  ,  '的'  ,  '女孩'),
('的'  ,  '女孩'  ,  '的'),
('女孩'  ,  '的'  ,  '同学'),
('的'  ,  '同学'  ,  '。'),
('同学'  ,  '。'  ,  '我'),
('。'  ,  '我'  ,  '喜欢'),
('我'  ,  '喜欢'  ,  '编程'),
('女孩'  ,  '的'  ,  '原因'),
('的'  ,  '原因'  ,  '是'),
('原因'  ,  '是'  ,  '因为'),
('是'  ,  '因为'  ,  '它'),
]
)
```

通过list()方法可以将上面的内容更改到列表中，使用random.choice()可以随机选择一个键。因为键是元组类型，所以可以将内容保存到定义的三个变量p1、p2、p3中。比如抽取（'女孩'，'的'，'同学'），将它们保存到对应的变量中。

```
p1 = '女孩'
p2 = '的'
p3 = '同学'
```

在generate()函数中，通过while循环对文本进行反复创建。反复操作的次数越多，可以创建的文本就越多，相应地可随机选择的范围也会扩大。在词语数量较多的情况下，反复进行操作的次数也会相应增加。如果马尔可夫字典原文本数据较多时，可以通过count变量控制反复操作的次数。如果操作次数在10次以下的话，有可能会出现无法创建新文本的情况，所以最好将操作次数设定为10次以上。

将其作为创建文本的词语，并将之前获得的前缀作为键，取出值（后缀）。因为后缀已经存在于列表中，所以可以用random.choice()方法随机取出一个值。若指定键为（'女孩'，'的'，'同学'），则后缀只有'。'，所以随机取出的只能是'。'。以下是从markov的后缀列表随机取出一个后缀。

由于该列表中只有一个后缀，所以取出的只能"。"。另外，若键为（'的'，'女孩'，'的'），则存在两个后缀，所以在取出时会从这两个后缀中随机选择一个作为值。

```
（'的'，'女孩'，'的'）：['同学'，'原因']
```

如果将（'女孩'，'的'，'同学'）作为键，那么p1、p2、p3的值如下所示。

```
p1 = '女孩'
p2 = '的'
p3 = '同学'
```

通过random.choice()可以将其对应的后缀"。"取出，赋值给tmp变量。然后再通过sentence += tmp操作，将该后缀追加到sentence中。通过p1, p2, p3 = p2, p3, tmp可以改变原来的前缀，更改后的前缀如下所示。

```
p1 = '的'
p2 = '同学'
p3 = '。'
```

经过count加1后，markov（'的'，'同学'，'。'）的键值对如下所示。

```
（'的'，'同学'，'。'）：['我']
```

根据以上操作，再次进行第二次操作后，将会得到以下前缀。

```
p1 = '同学'
p2 = '。'
p3 = '我'
```

之后以（'同学'，'。'，'我'）为键，其对应的字典记录如下所示。

```
（'同学'，'。'，'我'）：['喜欢']
```

那么，对应的sentence值就是"。我喜欢"。从while第一次操作到最后，sentence值会发生很大的变化。从后缀"。"开始的部分追加到sentence中。

▼ 开始创建文本

```
count= 0   sentence= 。
count= 1   sentence= 。我
count= 2   sentence= 。我喜欢
count= 3   sentence= 。我喜欢编程
```

▼ 完成文本的创建

```
count= 20   sentence= 。我喜欢编程的女孩的同学。我喜欢编程的女孩的同学。我喜欢编程的女孩
count= 21   sentence= 。我喜欢编程的女孩的同学。我喜欢编程的女孩的同学。我喜欢编程的女孩的
```

　　在重新创建文本时，需要反复进行操作，有可能会出现多余的部分，比如多出了标点符号或半个句子等情况。因此，在while循环结束后要对需要删除的部分进行加工处理，使用re.sub()删除标点符号和空格。

　　以下是没有经过加工处理的文本。

```
。我喜欢编程的女孩的同学。我喜欢编程的女孩的同学。我喜欢编程的女孩的
```

　　通过去除多余的符号或内容后，文本如下所示。

```
我喜欢编程的女孩的同学。
```

　　在尝试生成文本时，会调用generate()函数和overlap()函数。运行时间节点以及马尔可夫字典源文本数量，可能会导致无法创建文本的情况发生。若sentence的内容为空，则一直运行generate()和overlap()，直到sentence不为空再创建文本。

　　元素中若有空字符则删除空字符，并用for循环在所有元素末尾都追加"。"。偶尔会有"。"混进元素中，此时不要急于进行下一步操作，而是先执行重复操作。

　　用append()函数将所有元素追加到列表new中后，for循环结束。将列表new更改为集合，删除重复元素。最后的操作是通过join()方法将new的所有元素连接成为一个字符串，并追加到sentence中。

　　下面以简单的文本为例，模拟创建文本的过程。

```
我是喜欢编程的女孩的同学。
我喜欢编程的女孩的原因是因为它。
```

　　创建文本的过程如下所示。

```
count= 0    sentence= 喜欢
count= 1    sentence= 喜欢编程
count= 2    sentence= 喜欢编程的
count= 3    sentence= 喜欢编程的女孩
count= 4    sentence= 喜欢编程的女孩的
count= 5    sentence= 喜欢编程的女孩的同学
count= 6    sentence= 喜欢编程的女孩的同学。
```

当count为6时，生成的前缀为('的','同学','。')。为了这样的键不出现在markov中，操作到此终止。根据以上创建过程，生成以下文本。

```
喜欢编程的女孩的同学。
```

从生成的文本来看，这个句子并不是一个完整的句子，在之后还要将第1个句号之前的内容全部删除。不过，这样一来，句子本身也就不存在了。

改良提示

因为使用了3个单词的前缀，所以没有进行复杂的重组。根据情况，文章的量会有所减少，在实际运行程序时会产生各种各样的版本，所以请大家一定要多试几次。如果创建马尔可夫字典的原文本内容短小，有可能无法创建完整的文本。因此，我们可以准备篇幅较长的原文本，以达到自动创建文本的效果。

总　结

➡ 可以使用马尔可夫链自动生成文本。

➡ 马尔可夫链会积蓄现有文章的知识，从起始词开始随机拼接后续的词，以此生成文章。

4-6

尝试创建聊天程序

在前一节中，使用马尔可夫链自动生成文本。本节将会以此为基础，制作有回应的聊天程序。在根据马尔可夫链创建的字典中，随机给出回应。

相关技术（关键词）	应用场景
● 马尔可夫链 ● 聊天程序	● 解析文本数据 ● 互动聊天

创建简单的聊天程序

在创建聊天程序时，对于用户输入的信息，程序会返回基于马尔可夫链生成的文本内容。这样可以根据原有文本的形式创造出一种更有趣的互动方式。在创建简单的聊天程序时，会将马尔可夫链的相关操作汇总到一个类中，将基于jieba的语素分析程序以模块的形式进行创建。

扫码看视频

下面是基于jieba的语素分析程序。在其他程序中使用时，只需要将该程序文件以模块的形式进行导入即可。

▼ analyzer.py

```python
import jieba

def parse(text):
        t = jieba.cut(text)
        result = []
        for token in t:
            result.append(token)
        return(result)
```

在使用jieba对文本进行分词操作之后，下面定义Markov类，使用马尔可夫链创作文本，相关程序如下所示。

191

▼ markov_bot.py

```python
# 导入analyzer模块
from analyzer import *
import re
import random

# 定义类，汇总马尔可夫链的相关操作
class Markov:
    # 使用马尔可夫链创作文本
    def make(self):
        print('文本读入中，请稍等！')
        filename = "Island_of_the_Blue_Dolphins.txt"
        with open(filename, 'r', encoding = 'utf_8') as f:
            # 将文本数据读入到text中
            text = f.read()
        # 去掉末尾的换行符
        text = re.sub('\n', '', text)
        # 获取语素部分的列表
        wordlist = parse(text)
        # 定义马尔可夫字典
        markov = {}
        # 定义前缀变量p1、p2、p3
        p1 = ''
        p2 = ''
        p3 = ''

        # 从语素列表中逐个取出词语
        for word in wordlist:
            # 判断p1、p2、p3中是否含有值
            if p1 and p2 and p3:
                # markov中不存在键(p1, p2, p3)
                if (p1, p2, p3) not in markov:
                    # 若不存在则追加键值对
                    markov[(p1, p2, p3)] = []
                # 对键的列表追加后缀
                markov[(p1, p2, p3)].append(word)
            # 替换3个前缀的值
            p1, p2, p3 = p2, p3, word
        # 含有创作的文章的变量
        sentence = ''
        # 随机抽出markov的键，代入到前缀1~3中
        p1, p2, p3 = random.choice(list(markov.keys()))
        # 初始化计数变量
        count = 0
        # 使用马尔可夫字典创作文章的部分
        while count < len(wordlist):
            if ((p1, p2, p3) in markov) == True:
                # 获取构成文章的词语
```

```
                tmp = random.choice(markov[(p1, p2, p3)])
                # 将获取的词语追加到sentence中
                sentence += tmp
            # 替换3个前缀的值
            p1, p2, p3 = p2, p3, tmp
            count += 1
        # 将到第1次出现的（。）为止的内容全部删除
        sentence = re.sub("^.+?。", "", sentence)
        # # 将最后的句号（。）之后的内容删除
        if re.search('.+。', sentence):
            sentence = re.search('.+。', sentence).group()
        # 删除右引号
        sentence = re.sub(" ", "", sentence)
        # 删除左引号
        sentence = re.sub(" ", "", sentence)
        # 删除全角空格
        sentence = re.sub("　", "", sentence)
        # 将生成的文章作为返回值返回
        return sentence
if __name__ == '__main__':
    # 将Markov类实例化
    markov = Markov()
    # 获取使用make()方法创建的文章
    text = markov.make()
    # 使用文末的。进行切分并生成列表
    ans = text.split('。')
    # 去除空元素
    if '' in ans:
        ans.remove('')
    print ('启动聊天程序! ')
    while True:
        message = input('>')
        if ans:
            # 从ans中随机抽出1篇文章
            print(random.choice(ans))
```

在上面的程序中，将相关操作都集中到了Markov类中，然后在类中定义make()方法，使用马尔可夫链创作文本。在创建聊天程序时，还是会先对原文本进行处理，比如分词、除去换行符、空格、引号等。在程序的执行部分if __name__ == '__main__':中，通过markov = Markov()将类实例化，然后调用make()方法获取生成的文本内容。获取的文本会以字符串的形式返回，根据text.split('。')操作在文本末尾的句号处进行切分，并生成列表。在去除空元素之后，启动聊天程序。

在Anaconda Prompt中运行markov_bot.py程序后，可以开始对话。在提示符>后面可以输入对话的语句，按Enter键后，程序会自动从文本中随机选择句子作为回应。我们在输入语句时，尽量是和文本内容相关的提问或语句。想要结束对话时，可以按Ctrl+C组合键。

```
(base) C:\Users\admin\Desktop\PythonCode\ch4\4-6>python
markov_bot.py
文本读入中, 请稍等!
Building prefix dict from the default dictionary ...
Loading model from cache C:\Users\admin\AppData\Local\Temp\
jieba.cache
Loading model cost 0.531 seconds.
Prefix dict has been built successfully.
启动聊天程序!
>鲸鱼是什么颜色的?
我在浪谷里, 什么也看不见, 独木舟从浪谷里冒出来时, 看见的只是一望无际的海洋
>你看到云朵了吗?
再用海豹绿色的皮筋把它绑在一根长杆子上
>阿留申人到底对你说了什么?
我把手放在它胸口上
>暴风雨过后, 会发生什么?
我们村里有十多条狗, 主人死了以后, 它们还会回来的
>海豚岛上都有什么?
  峭壁下面的独木舟里也没有找到, 然后我动身朝岛的南部走去: 马——勒, 我叫道, 同时摇摇头
>海象的聚集地在哪里?
  从我记事那时起, 蓝色的海豚岛上有许多水洞, 其中一些很大, 一直伸入峭壁深处, 有一个就在
坐落我那所房子的高地附近
>
```

从上面的输出结果可以看到, 虽然对提问的句子有回应, 但是生成的语句是随机从文本中抽取而成的, 给出的回应也是随机的, 并没有和提问的语句对应。为了使对话效果更明显, 我们将进一步对程序进行改善。

创建有回应的聊天程序

下面通过对输入的内容进行分析和筛选, 提取出输入的名词, 进一步改造聊天程序。在之前analyzer.py程序的基础上, 增加了语素分析和模式匹配等功能。

扫码看视频

▼ markov_bot.py

```python
import jieba
import jieba.posseg
import re

# 获取词性
def analyze(text):
    t = jieba.posseg.cut(text)
    result = []
    for w,token in t:
```

```
        result.append([w,token])
    return(result)
# 匹配名词
def keyword_check(part):
    return re.match('n', part)
# 分词
def parse(text):
        t = jieba.cut(text)
        result = []
        for token in t:
            result.append(token)
        return(result)
```

下面对markov_bot.py程序进行改造，主要就是对输入的字符串进行匹配，并给出相对匹配的回应信息。

▼ markov_bot2.py

```
# 导入analyzer模块
from analyzer2 import *
import re
import random
from itertools import chain

# 定义类，汇总马尔可夫链的相关操作
class Markov:
    # 使用马尔可夫链创作文本
    def make(self):
        print('文本读入中，请稍等！.')
        filename = "Island_of_the_Blue_Dolphins.txt"
        with open(filename, "r", encoding = 'utf_8') as f:
            # 将文本数据读入到text中
            text = f.read()
        # 去掉末尾的换行符
        text = re.sub("\n","", text)
···省略···
if __name__ == '__main__':
    # 将Markov类实例化，创建Markov对象
    markov = Markov()
    # 获取马尔可夫链生成的语句
    text = markov.make()
    # 使用各语句末尾的换行进行分割并纳入列表
    sentences = text.split('。')
    # 删除列表中的空元素
    if '' in sentences:
```

```
            sentences.remove('')
print ("启动聊天程序! 。")

    while True:
        line = input(' > ')
        # 对输入的字符串进行语素分析
        parts = analyze(line)
        # 含有与输入的字符串名词相匹配的马尔可夫链的列表
        m = []
        # 对分析结果的语素和词性进行反复操作
        for word, part in parts:
            # 若输入的字符串中含名词, 则检索含有该名词的马尔可夫链文本
            if keyword_check(part):
                # 对使用马尔可夫链创建的文本逐个进行处理
                for element in sentences:
                    find = '.*?' + word + '.*'
                    tmp = re.findall(find, element)
                    if tmp:
                        # 若存在匹配的文本则对列表m进行追加
                        m.append(tmp)
        # 在findall()返回列表后, 压平嵌套列表
        m = list(chain.from_iterable(m))
        if m:
            # 从与输入的字符串名词相匹配的马尔可夫链文本中随机选择
            print(random.choice(m))
        else:
            # 若没有匹配的马尔可夫链文本则从sentences中随机选择
            print(random.choice(sentences))
```

　　在这个程序中，主要改造的是if __name__ == '__main__':部分。在while语句中，先对输入的字符串进行语素分析，并通过keyword_check()匹配词性信息。然后通过for循环，从马尔可夫链生成的文本列表中逐个取出文本，并确认其中是否含有输入的字符串名词，追加到列表m中。在最后进行随机取出时，通过list(chain.from_iterable(m))仅从内部列表中取出字符串作为外部列表的元素。通过random.choice(m)可以将回应从保存在列表m中的马尔可夫链文本中取出并输出。如果没有与输入的字符串名词匹配的文本，则通过random.choice(sentences)中的整个马尔可夫链文本中随机抽取文本做出回应。

　　在Anaconda Prompt中运行markov_bot.py程序后，开始进行对话，结果如下所示。

```
(base) C:\Users\admin\Desktop\PythonCode\ch4\4-6>python
markov_bot2.py
文本读入中，请稍等!
Building prefix dict from the default dictionary ...
Loading model from cache C:\Users\admin\AppData\Local\Temp\
jieba.cache
Loading model cost 0.542 seconds.
Prefix dict has been built successfully.
启动聊天程序!
> 鲸鱼是什么颜色的?
 第十二章多年以前，有两条鲸鱼给冲上沙坑
 > 你看到云朵了吗?
南果装出一副严肃的面孔，仿佛不明白为什么人人都在盯着他看
 > 阿留申人到底对你说了什么?
我叫坦约西特罗伯头人说
 > 暴风雨过后，会发生什么?
 我是科威格的儿子，既然他死了，因为冬天的暴风雨很快就要到了，阿留申人的营房去，再也不
回来了
 > 海豚岛上都有什么?
我们的海里聚居着许多海豚，由此得名也有可能
 > 海象的聚集地在哪里?
年轻的海象再次卡住对方的脖子
 > 朗图在哪里?
 我和朗图经常出海到那块礁石那里去，在那里等他，要是没有人在那里看守
 > 山洞附近有什么?
村里的男人已经拿着武器沿着弯弯曲曲的沙坑我能到达山洞，登上通向方山的小路，可是已经来不
及了
 > 我为她做了一件礼物。
早晨我就开始为她做一件礼物，答谢她送给我的项圈
 > 捕猎海獭的人走了之后呢?
 在那以后，乌拉帕尖声大叫，峭壁四周也响起一阵喊声，与此同时我只见礁石上有一个人躺了下
来，穿过灌木丛走到那领头狗倒下的地方
 > 捕猎海獭的人走了之后呢?
 我趴在高地上，心在剧烈地跳动，不知道船上的人和站在高地上，心在剧烈地跳动，不知道船上
的人了，可是我不时停下来，放在腰上  比量比量
 > 两个春天过去之后，船回来了吗?
 忽然我掉转身来，朝通向珊瑚湾的入口狭窄，船只晚上通过很不保险，我们除了白天派人看守以
外，黄昏到黎明也都派了人在那里看守
 >
```

从输出结果中可以看出来，给出的回答有时候是可以对应上的。即使输入相同的问题，给出的回应也不相同。这次的程序可以从输入的字符串中识别名词，并根据名词给出回应，因为有些回答看起来是相互对应的。

改良提示

　　本节采用的文本是小说《蓝色的海豚湾》，所以在输入内容时，尽量贴合该小说中的内容。我们也可以尝试将对话形式丰富的小说、剧本等保存成文本文件，进行本节的相关操作。

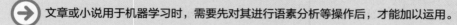

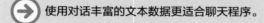

　　文章或小说用于机器学习时，需要先对其进行语素分析等操作后，才能加以运用。

　　使用对话丰富的文本数据更适合聊天程序。

第 5 章

深度学习

（Deep Learning）

本章将会介绍深度学习（Deep Learning）的相关内容。使用深度学习，能够进一步提高机器学习的精确度。另外，在实践深度学习时所使用的库TensorFlow及Keras，其相关使用方法也会在本章中进行说明。

| 5-1 |
深度学习相关

深度学习，也被称为Deep Learning，是使用了多层人工神经网络的机器学习，是机器学习领域中一个新的研究方向。如今，深度学习获得了人们的广泛关注，其到底有什么与众不同之处呢？

相关技术（关键词）	应用场景
● 深度学习 ● 人工神经网络 ● 感知器	● 实践高级机器学习时

深度学习是什么？

深度学习，作为机器学习的一个研究方向，与至今学习过的机器学习并非完全无关，可以说是把学习过的内容加以应用。在本书第1章中，简单地介绍过深度学习，称其为"人工神经网络"的改良，本节将会进行更详细的说明。

广受关注的原因

深度学习如此受到关注是有原因的，虽然可以简单地用"性能优异"来解释，但万事皆有因果，下面稍微了解一下其中的具体缘由吧。

最早的突破点出现在2012年举办的图像识别竞赛ILSVRC（ImageNetLarge Scale Visual Recognition Competition)中。该竞赛从2010年开始每年都会举办，竞赛中会对大量图像进行识别分类，互相比较精确度的高低。作为图像识别竞赛，该竞赛中使用ImageNet上公开的，包含有飞机、钢琴等各类物体的照片数据用于学习，然后识别出照片中拍摄的内容。

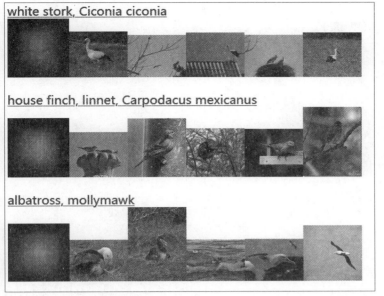

white stork, Ciconia ciconia

house finch, linnet, Carpodacus mexicanus

albatross, mollymawk

▲ ImageNet上公开的图像实例

事情发生在2012年加拿大多伦多大学的比赛中，杰弗里·辛顿带领的队伍，通过深度学习获得的结果，在精确度上与第二名的队伍拉开了巨大的差距，取得了压倒性的胜利。紧接着在2013年中，名列前茅的队伍所使用的深度学习也相当惹人注目。顺便一提，2014年的优胜者为Google。

就如同大家所知道的那样，短短几年内，深度学习就在物体识别的领域中，展现出了难以比拟的优异性能。之后，深度学习也在图像处理、声音识别、自然语言处理等各领域得到应用，并取得了大量成果。深度学习的精确度就是如此出类拔萃。其概念以及手法在20世纪80年代就已经存在，由于计算机性能获得提高等原因，其在商用领域获得了很大的成功之后，深度学习便开始步入人们的视野之中。

人工神经网络是什么？

人工神经网络，是模拟人类神经所构建的网络构造。在赋予计算机学习能力之后，就可以研究各类问题的解决之道。

在人类的大脑之中，存在有大量的神经细胞（神经元）。单个神经元可以从多个神经元获取信号，并将其传递给其他的神经元。大脑通过这种信号流的方式传递各种信息，而在计算机中重现这种工作方式，就是人工神经网络。

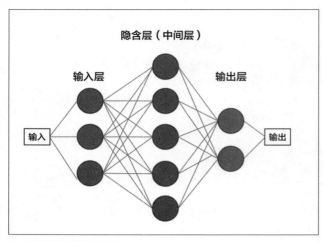

▲ 人工神经网络的结构

　　通常来说，重叠了3层以上的神经网络，被称为"深度神经网络（DNN）"。使用DNN的机器学习就是深度学习（Deep Learning）。深度学习在学习大量数据的过程中，反复调整各神经元之间的连接权重。

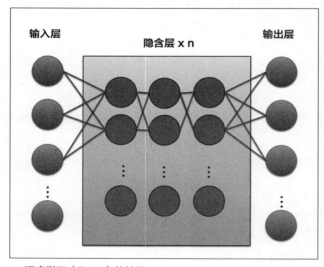

▲ 深度学习（DNN）的结构

关于感知器

　　在理解了人工神经网络之后，接下来介绍名为感知器的人工神经元。该感知器由Frank Rosenblatt（弗兰克·罗森布拉特）于1957年提出，拥有比较简单的构造，现在已经成为机器学习中的基础。

首先从简单的部分入手，以下内容是仅有输入与输出两层结构的简单感知器（Simple perceptron）。

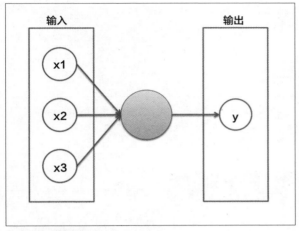

▲ 简单感知器示意图

图中的感知器包含有x1、x2、x3，共3个输入，以及1个输出y，同时所有的输入和输出，都有0和1两项数值。那么，怎样才能根据输入的数值获得最好的输出结果呢？

为了易于理解，此处以是否购买新的液晶电视作为示例。购买新电视时y输出1，不购买则为0。至于输入，就需要考虑一些是否购买电视的主要原因。

● **是否到了需要换购电视的时候？（x1）**
● **购买电视的资金是否充足？（x2）**
● **电视是不是正在大减价？（x3）**

该如何获得好的结果呢？考虑到各种条件，此处可以使用少数服从多数的方法来判断。

虽说是少数服从多数，但是并不会每种条件都平等地给予1票。如果手头预算十分充足，x2项资金相关判断条件的重要性就会降低。又或者现在正使用的电视发生了故障，急需购入新电视的情况下，x1项条件的比重则会大幅度提高。换言之，不能以最简单的少数服从多数来判断是否购买电视。感知器中也考虑到该问题，对于每项输入都赋予了被称为权重的参数。对于输入x1、x2、x3，会有对应权重W1、W2、W3，如果资金充足，权重可以设置为（W1=5、W2=2、W3=3），而电视已经出现故障的时候，可以将权重设置为（W1=7、W2=2、W3=1）。

假设在判断是否购买电视的程序中阈值为b，那么可以得到以下内容。

```
if (x1 * W1) + (x2 * W2) + (x3 * W3) > b:
    # 购买
else:
    # 不买
```

203

如此一来，通过改变权重以及阈值，就能够明确地表示出所做的决断。感知器获取了各类信息，再加上权重参数，可以获得良好的判断结果。再进一步思考，如果用多个感知器构成更复杂的组合，那么是不是就能够做出更加复杂的判断呢？

再重新回头看之前介绍过的人工神经网络示意图，可以看出来，将多个感知器组合到一起，就能够进行更加复杂的逻辑判断。

深度学习是机器学习的研究方向之一

正如本节开头所介绍的，深度学习是机器学习的研究方向之一。因此，机器学习能够做到的，深度学习不仅可以完成同样的事情，甚至有可能以更高的精确度解决问题。

总 结

➔ 深度学习广受人们关注。

➔ 深度学习是机器学习的研究方向之一，并非毫无关系。

➔ 深度学习是人工神经网络更高级的版本。

5-2

TensorFlow入门

TensorFlow是Google开发的机器学习开源库。包含深度学习在内，该库可应用在各类机器学习当中。本节主要介绍最基本的使用方法。

相关技术（关键词）	应用场景
● TensorFlow ● TensorBoard ● 数据流图	● 各类科学计算及机器学习

TensorFlow是什么？

TensorFlow是用于大规模数值计算的库，不仅可以用于机器学习及深度学习，还提供通用的功能，名字中的"Tensor（张量）"就是指多维矩阵运算。

该库可以运行在Windows/macOS/Linux等各类平台上，虽然TensorFlow本身是由C++编写的，但包括Python/Java/Go/C等各类语言均可使用。另外，因为包含了可用于商业的开源许可证（Apache2.0），因此无论是企业、个人或是研究机关均可自由使用。

作为机器学习开源库，TensorFlow不仅人气很高，还拥有丰富的资料可用于查询。多数情况是由Python语言调用该库，所以资料大部分均为Python使用时的相关内容。

此外，TensorFlow也包含了通用的数值计算功能。虽然其中已经包含图像处理相关的库，但是进行图像和音频处理时，还可以选择搭配其他库，例如专门用于图像处理的OpenCV库等。

TensorFlow官网
[URL] https://www.tensorflow.org/

▲ TensorFlow官网

TensorFlow的安装与确认

TensorFlow的详细安装过程，请参考本书卷尾附录中的相关内容。关于安装完成后是否能正常运作，可以通过下文中的程序进行验证。另外，如果在安装后遇到错误提示ERROR:root:Internal Python error in the inspect module.，请参考官网的安装帮助（https://www.tensorflow.org/install/pip）中，"在系统上安装 Python 开发环境"部分进行操作。译者所使用的TensorFlow为2.2版本，后文将2.x版本统一称为2.0版本，用以区分旧版本1.x。

扫码看视频

安装完成之后启动Jupyter Notebook（如果在安装完成之前就启动了Jupyter Notebook，那么需要重启一次），并执行以下程序。

▼ test-tf.py

```
import tensorflow as tf
tf.compat.v1.disable_eager_execution() #用于2.0版本向下兼容的设置
run()验证是否可以正常运行
sess = tf.compat.v1.Session() #调用旧版本API需要使用兼容模块tf.compat.v1.
hello = tf.constant('Hello')
print(sess.run(hello))
```

运行程序之后，将会显示以下结果。

```
b'Hello'
```

```
In [2]:  import tensorflow as tf
         tf.compat.v1.disable_eager_execution() #用于2.x版本向下兼容的设置
         sess = tf.compat.v1.Session() #于2.0中调用旧版本操作方式
         hello = tf.constant('Hello')
         print(sess.run(hello))
         b'Hello'
```

▲ 测试TensorFlow的运行结果

　　同时，在运行TensorFlow的程序时，有可能会显示以下提示信息（译注：显示在Anaconda 3后端窗口中）。

```
Your CPU supports instructions that
   this TensorFlow binary was not compiled to use ...
```

　　该提示信息的含义为，"当前CPU支持扩展指令，但现在运行的TensorFlow中相关内容已被禁用"。我们可以暂时忽视该提示信息，这只是在展现TensorFlow高速运行的可能性。访问TensorFlow官网，或者其他提供支持的网站，根据搜索到的相关内容进行设置。

TensorFlow的数据流图

　　在TensorFlow中使用"数据流图"为基础。所谓"数据流图"，是在编译运算流程的基础之上，构建起名为"图"的对象，并在编译完成之后执行该图。换言之，首先构建需要在TensorFlow中执行的运算操作，然后再按照顺序传入输入并进行处理。

扫码看视频

执行加法运算的数据流图

　　接下来试着制作简单的数据流图，实际体验一下如何使用TensorFlow进行处理。下面是在TensorFlow中制作加法运算的程序。

▼ test_add.py

```
# 导入TensorFlow模块 --- (*1)
import tensorflow as tf

# 定义常量 --- (*2)
a = tf.constant(100)
b = tf.constant(30)
```

```
# 定义运算 --- (*3)
add_op = a + b

# 启动会话 --- (*4)
sess = tf.compat.vl.Session()
res = sess.run(add_op)  # 运算求解
print(res)
```

运行程序之后，将显示以下内容。

```
130
```

此处梳理一下前文的程序。在使用TensorFlow时，注释（*1）处，首先需要进行声明，使用import tensorflow。然后，在注释（*2）处定义了常量。此处是将常数100赋值给变量a，常数30赋值给变量b。接着，在注释（*3）处定义加法的运算操作。此处需要注意的是，该时间点并没有进行真正的计算，仅仅只是在定义常量a与常量b相加的操作而已。最后，在注释（*4）处正式启动会话，调用run()方法。

执行乘法运算的数据流图

下面将尝试构建同时进行加法与乘法的数据流图。下文的程序就是同时进行加法与乘法运算的样例，仔细观察后可以发现，与之前的程序非常相似。

▼ test_mul.py

```
import tensorflow as tf

# 定义常量 --- (*1)
a = tf.constant(10)
b = tf.constant(20)
c = tf.constant(30)

# 定义运算 --- (*2)
mul_op = (a + b) * c

# 启动会话 --- (*3)
sess = tf.compat.vl.Session()
res = sess.run(mul_op)
print(res)
```

在Jupyter Notebook中执行该程序，将会获得以下结果。

900

程序在注释（*1）处定义了常量，并在注释（*2）处构建数据流图，最后在注释（*3）处启动会话以及执行图。

尝试确认数据流图的图表

在TensorFlow中为了能够将机器学习视觉化，提供了便捷的工具TensorBoard。利用该工具，可以通过图表直观地查看数据流图。

使用TensorBoard之前，需要键入以下代码，才能够将之前的加法及乘法运算操作视觉化。

▼ test_mul_tb.py

```python
import tensorflow as tf

# 定义常量 --- (*1)
a = tf.constant(10, name='10')
b = tf.constant(20, name='20')
c = tf.constant(30, name='30')

# 定义运算 --- (*2)
add_op = tf.add(a, b, name='add')
mul_op = tf.multiply(add_op, c, name='mul')

# 启动会话 --- (*3)
sess = tf.compat.vl.Session()
res = sess.run(mul_op)
print(res)

# 为展示于TensorBoard中输出图 --- (*4)
tf.summary.FileWriter('./logs', sess.graph)
```

键入之后即可尝试运行程序。执行程序之后，在显示结果的同时，会创建名为logs的文件夹。使用TensorBoard之前，还需要在命令提示符中执行以下命令。

```
python test_mul_tb.py
tensorboard --logdir=./logs
```

执行之后将会显示以下信息，在浏览器中打开提供的URL。（译注：TensorBoard的版本会根据安装的TensorFlow不同而变化）

209

```
TensorBoard 1.5.0 at http://localhost:6006 (Press CTRL+C to quit)
```

通过浏览器访问提示的地址，通常来说，将会显示以下数据流图。如果包含有其他图在内，请单击页面上方的GRAPHS。

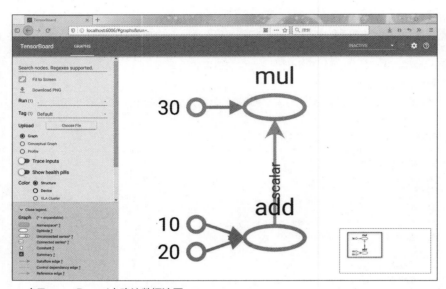

▲ 在TensorBoard中确认数据流图

梳理一下之前运行的程序。注释（＊1）处定义了常量，此时指定了参数name，可以在TensorBoard中附加常量的说明。注释（＊2）处定义运算操作时，可以与之前的程序一样使用运算符表示公式，但是在函数tf.add()与tf.multiply()中指定name参数，就能够在TensorBoard中添加简单易懂的说明。注释（＊3）处执行数据流图。注释（＊4）处是为使用TensorBoard而加入的操作，执行之后将会把构建好的数据流图输出到logs目录中，而TensorBoard正是依靠此处所记录的信息生成图。

变量的使用

接下来，再尝试一些其他的数据流图。TensorFlow中运用变量需要依靠tf.Variable()。在下面的程序中，将乘法计算的结果代入变量中，再经由变量显示出结果。该程序也借用TensorBoard展示出数据流图。

▼ test_var_tb.py

```
import tensorflow as tf
```

```
tf.compat.vl.disable.eager.execution()
# 定义变量 --- (*1)
v = tf.Variable(0, name='v')

# 定义运算
a = tf.constant(10, name='10')
b = tf.constant(20, name='20')

# 定义运算 --- (*2)
mul_op = tf.multiply(a, b, name='mul')
assign_op = tf.compat.vl.assign(v, mul_op)

# 启动会话 --- (*3)
sess = tf.compat.vl.Session()
# 代入变量
sess.run(assign_op)

# 为展示于TensorBoard中输出图 --- (*4)
tf.compat.vl.summary.FileWriter('./logs', sess.graph)

# 获得变量的结果 --- (*5)
res = sess.run(v)
print(res)
```

在执行该程序之前，需要先删除之前的数据流图记录，即logs文件夹。之后，在命令提示符中执行以下命令。

```
python test_var_tb.py
tensorboard --logdir=./logs
```

然后，在浏览器中打开提示的URL，将会显示以下内容。

第1章

第2章

第3章

第4章

第5章

第6章

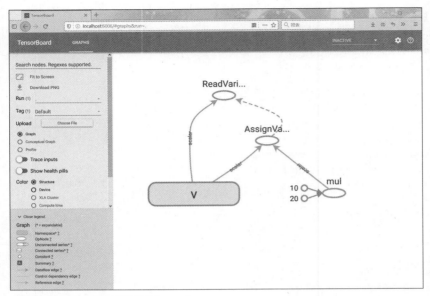

▲ 在TensorBoard中确认变量

梳理一下之前的程序。注释（＊1）处，先使用tf.Variable()定义变量，然后使用tf.constant()定义常量。注释（＊2）处，定义了运算操作，先定义乘法运算，然后使用tf.assign()将结果传入变量v中。注释（＊3）处，启动会话之后执行了变量的代入。注释（＊4）处，为了在TensorBoard中进行展示而输出图。最后在注释（＊5）处，取得变量v的数值并展示在页面中。

占位符的使用

所谓"占位符"，是指代替实际数值临时填充的部分。 正如前文所介绍的，TensorFlow会预先构建数据流图，在执行构建代码时，并不会将实际的数值代入构建好的数据流图中，仅仅只是准备好相应的容器，直到正式启动会话时，才会把实际的值填入容器之中。

接下来，就在实际的例子中体会其用法。比如下面的程序，会将列表a中的所有内容全部乘以2。

▼ test_placeholder.py

```
import tensorflow as tf

# 定义占位符 --- (*1)
a = tf.compat.vl.placeholder(tf.int32, [5])

# 定义向量翻倍运算 --- (*2)
two = tf.constant(2)
x2_op = a * two
```

```
# 启动会话 --- (*3)
sess = tf.compat.vl.Session()

# 对占位符进行赋值并执行 --- (*4)
res1 = sess.run(x2_op, feed_dict={ a: [1, 2, 3, 4, 5] })
print(res1)
res2 = sess.run(x2_op, feed_dict={ a: [5, 6, 7, 10, 100] })
print(res2)
```

执行程序之后，启动会话时传入的列表均乘以2，显示结果如下所示。

```
[ 2  4  6  8 10]
[ 10  12  14  20 200]
```

按照惯例梳理一下之前的程序。注释（*1）处，声明了需要使用的占位符，此处传入的tf.int32表示该占位符为32bit整数型，另一项参数则表明列表长度为5。注释（*2）处则定义了常量2，以及将占位符a变为两倍的运算操作。注释（*3）处为启动会话，而注释（*4）处则是将Python的列表赋值给占位符，因此执行时a的部分将会分别替换为[1, 2, 3, 5]与[5, 6, 7, 10, 100]。

值得注意的是，在上述程序中，声明占位符时指定了填充内容为长度5的整数型数组。显然，仅能填充固定数量的值会有所不便，因此在指定数量时使用None代替，即可传入任意数量的内容。接下来，将会在实际的例子中进行体验，顺便尝试使用二维数组占位符。

▼ test_placeholder2.py

```
import tensorflow as tf

# 定义占位符 --- (*1)
a = tf.compat.vl.placeholder(tf.int32, [None, 2])

# 定义向量翻倍运算 --- (*2)
two = tf.constant(2)
x2_op = a * two

# 启动会话 --- (*3)
sess = tf.compat.vl.Session()

# 对占位符进行赋值并执行 --- (*4)
sample_list = [[1, 1], [2, 2], [3, 3], [4, 4]]
res = sess.run(x2_op, feed_dict={ a: sample_list })
print(res)
```

执行程序之后，将会显示以下内容。可以看到，二维列表中所有内容均变为两倍。

213

```
[[2 2]
 [4 4]
 [6 6]
 [8 8]]
```

接下来梳理一下程序。注释（*1）处，定义了占位符，此处为了能够传入二维数组变量，指定参数为[None, 2]，拥有两项数据的数组，不限定大小均能够使用。注释（*2）处，定义了将数值扩增为两倍的运算操作，注释（*3）处则是启动会话。注释（*4）处，将二维列表赋值给占位符，然后将增为两倍的结果展示在页面中。

综合本节之前的内容可以看出，在TensorFlow中能够定义且执行各种运算操作。

可能会有读者产生疑问，这种加减乘除运算与机器学习到底有什么关系呢？在下一节中将会介绍如何在机器学习中运用TensorFlow。

总 结

→ TensorFlow在深度学习的实践库中拥有很高的人气。

→ 在TensorFlow中首先会定义数据流图，然后再执行其他操作。

→ 使用TensorFlow能够以视觉化的方式展示各类数据。

5-3

尝试使用TensorFlow
进行鸢尾花分类

在本书的第2章第2-2节中，挑战了鸢尾花数据集分类问题。作为TensorFlow使用方法的练习，本节将会尝试再次挑战该问题，虽然并未涉及深度学习，但是可以学到TensorFlow的基本使用方法。

相关技术（关键词）	应用场景
● TensorFlow	● 提高TensorFlow的熟练度

复习鸢尾花分类问题

之前章节中依靠scikit-learn解决的鸢尾花分类问题，本节将会尝试利用TensorFlow再次进行挑战。请务必与第2章中使用的程序进行对比，一边查看两者有何不同，一边阅读本节内容。

在开始之前，重新复习一下鸢尾花分类问题中有哪些待解决的问题。简单来说，鸢尾花分类是根据鸢尾花花萼与花瓣的长宽信息，来判断其为何种鸢尾花的问题。

本节中介绍的完整样例程序，因为是有些难度的程序，所以将会分段逐步进行说明。

在执行程序之前，需要预先将"Fisher的鸢尾花数据"下载到程序的执行路径下，并将其命名为iris.csv。（具体方法请参考第2章2-2节中的说明）

与之前章节中介绍的相同，首先读取CSV文件，然后将数据划分为测试用与学习用两部分。下面的程序用于读取CSV文件，并提取出其中的标签数据及鸢尾花数据。

```
import pandas as pd

# 读取鸢尾花数据集
iris_data = pd.read_csv("iris.csv", encoding="utf-8")

# 将鸢尾花数据分为标签数据与输入数据两部分
y_labels = iris_data.loc[:,"Name"]
x_data = iris_data.loc[:,["SepalLength","SepalWidth","PetalLength","
PetalWidth"]]
```

将标签数据调整为One-Hot向量

在TensorFlow中，需要将标签数据转换为"One-Hot向量"的格式。所谓"One-Hot（独热编码/一位有效编码）"，是指仅有1位处于High(1)、其他均为Low(0)状态的位串。

以鸢尾花数据为例，标签数据可以做出以下转换，Iris-setosa替换为[1, 0, 0]，Iris-versicolor替换为[0, 1, 0]，而Iris-virginica则替换为[0, 0, 1]。

```
# 将标签数据转换为One-Hot向量
labels = {
    'Iris-setosa': [1, 0, 0],
    'Iris-versicolor': [0, 1, 0],
    'Iris-virginica': [0, 0, 1]
}
y_nums = list(map(lambda v : labels[v] , y_labels))
print(y_nums)
```

运行上文介绍的程序之后，将会显示以下内容。（译注：实际上页面中数据的排版可能并不会和下文相同）

```
[[1, 0, 0],
 [1, 0, 0],
 [1, 0, 0],
……省略……
 [0, 1, 0],
 [0, 1, 0],
 [0, 1, 0],
……省略……
 [0, 0, 1],
 [0, 0, 1],
 [0, 0, 1],
……省略……
]
```

将数据分为学习与测试两部分

下面的程序用于将数据划分为学习与测试两部分。

```
from sklearn.model_selection import train_test_split

# 将数据分为学习与测试两部分
x_train, x_test, y_train, y_test = train_test_split(
    x_data, y_nums, train_size=0.8)
```

定义学习算法

接下来，在TensorFlow中定义学习使用的算法。在鸢尾花品种分类程序中，作为输入值的鸢尾花数据，分为SepalLength（花萼的长度）、SepalWidth（花萼的宽度）、PetalLength（花瓣的长度）、PetalWidth（花瓣的宽度）四种，即四维数据，而输出的鸢尾花品种（Iris-setosa/Iris-versicolor/Iris-virginica）则为三维数据。

```
import tensorflow as tf
tf.compat.v1.disable_eager_execution() # 用于兼容旧版本

# 定义鸢尾花数据的输入（4维）与输出（3维）容器
x  = tf.compat.v1.placeholder(tf.float32, [None, 4])
y_ = tf.compat.v1.placeholder(tf.float32, [None, 3])
```

紧接着，定义权重与偏置（bias）的变量。

```
# 定义权重与偏置所需的变量
w = tf.Variable(tf.zeros([4, 3])) # 权重
b = tf.Variable(tf.zeros([3])) # 偏置（bias）
```

然后是Softmax回归模型的定义。

```
# 定义Sofmax回归
y = tf.nn.softmax(tf.matmul(x, w) + b)
```

而Softmax回归在TensorFlow中的定义为以下数学计算公式。

$$\mathrm{softmax}\,(x) = \frac{\exp x}{\sum_j \exp x_j}$$

$$y = \mathrm{softmax}\,(Wx + b)$$

突然摆出数学公式，恐怕会很难理解其中的含义，但即使并没有完全掌握数学公式，只是看程序代码也多少能够有所收获。另外，程序中出现的tf.matmul()，是将两个矩阵相乘的函数，第1个参数输入矩阵LxN，第2个参数输入矩阵MxN，返回的结果为LxM。至于tf.nn.softmax()函数，则会将输入的任意实数x，转换为相对应的0到1之间的某数值，并作为y输出。

```
# 训练模型
cross_entropy = -tf.reduce_sum(y_ * tf.math.log(y)) # ---(*1)
optimizer = tf.compat.v1.train.AdamOptimizer(0.05) # --- (*2)
train = optimizer.minimize(cross_entropy)

# 计算正确率
predict = tf.equal(tf.argmax(y, 1), tf.argmax(y_,1))
accuracy = tf.reduce_mean(tf.cast(predict, tf.float32))
```

注释（*1）处的交叉熵，是多元分类（多分类）中经常使用的误差函数之一。而注释（*2）处，则是依靠随机梯度下降法其中之一的Adam算法 （Adaptive Moment Estimation）进行优化，其对应函数为tf.compat.v1.train.AdamOptimizer()。

数据学习与实际测试

完成上文所述步骤后，即可使用定义好的模型正式开始机器学习，并计算出正确率。在启动会话之后开始学习，然后使用测试数据进行评估，计算最终正确率。

```
# 初始化变量并启动会话
init = tf.global_variables_initializer()
sess = tf.Session()
sess.run(init)

# 进行学习 --- (*1)
train_feed_dict = {x: x_train, y_: y_train}
for step in range(300):
    sess.run(train, feed_dict=train_feed_dict)

# 依靠测试数据计算最终正确率 ---(*2)
acc = sess.run(accuracy, feed_dict={x: x_test, y_: y_test})
print("正确率=", acc)
```

执行程序之后，将会显示以下结果。（译注：请手动删除或注释掉One-Hot向量化步骤后的print(y_nums)语句）

正确率= 0.96666664

因为数据是随机分割成学习和测试两部分的，所以学习结果多少会有所波动，大体上是在0.93到1.0之间浮动。另外，这里有一点需要注意的内容，程序注释（*1）处反复进行了多次学习，在这种反复学习的影响之下，作为参数的变量w与b才得以受到调整。程序注释（*2）处，进行结果评估，计算正确率并输出到页面中。

通往Keras的道路

　　本节内容至此，TensorFlow的基本使用方法已经全部介绍完毕。不难发现，TensorFlow制作数据流图后再执行的模式，即使是高级的机器学习也能够实现。

扫码看视频

　　但就易用性上来说，与scikit-learn相比结果如何呢？是否会突然变得难以上手呢？那么，这里就不得不提到Keras，只要利用Keras的功能，就能够更加简单地建立神经网络。

　　其实，Keras最初是基于TensorFlow而开发的独立库，因为其非常易于使用，所以最后被吸收到了TensorFlow之中。

　　下面的程序是利用Keras将前文的程序重写之后的版本。

▼ keras-iris.py

```
import tensorflow as tf
import tensorflow.keras as keras
from sklearn.model_selection import train_test_split
import pandas as pd
import numpy as np

# 读取鸢尾花数据集 --- (*1)
iris_data = pd.read_csv("iris.csv", encoding="utf-8")

# 将鸢尾花数据分为标签数据与输入数据两部分
y_labels = iris_data.loc[:,"Name"]
x_data = iris_data.loc[:,["SepalLength","SepalWidth","PetalLength","
PetalWidth"]]

# 标签数据One-Hot向量化
labels = {
    'Iris-setosa': [1, 0, 0],
    'Iris-versicolor': [0, 1, 0],
    'Iris-virginica': [0, 0, 1]
}
y_nums = np.array(list(map(lambda v : labels[v] , y_labels)))
x_data = np.array(x_data)

# 将数据分为学习用与测试用两部分 --- (*2)
x_train, x_test, y_train, y_test = train_test_split(
    x_data, y_nums, train_size=0.8)

# 定义模型 --- (*3)
Dense = keras.layers.Dense
```

```
model = keras.models.Sequential()
model.add(Dense(10, activation='relu', input_shape=(4,)))
model.add(Dense(3, activation='softmax')) # ---(*3a)

# 构建模型 --- (*4)
model.compile(
    loss='categorical_crossentropy',
    optimizer='adam',
    metrics=['accuracy'])

# 进行学习 --- (*5)
model.fit(x_train, y_train,
    batch_size=20,
    epochs=300)

# 评估模型 --- (*6)
score = model.evaluate(x_test, y_test, verbose=1)
print('正确率=', score[1], 'loss=', score[0])
```

键入前文中的代码尝试执行该程序，运行之后可以看到，学习过程被显示在页面中，同时最后也附有正确率。

```
Epoch 1/300
120/120 [==============================] - 0s - loss: 1.8308 - acc: 0.5000
Epoch 2/300
120/120 [==============================] - 0s - loss: 1.7096 - acc: 0.5417
Epoch 3/300
120/120 [==============================] - 0s - loss: 1.6004 - acc: 0.5667
……省略……
正确率= 0.9333333373069763 loss= 0.22675494849681854
```

多次执行该程序之后，可以判断结果在0.9333到1.0之间。

这里需要更详细地梳理前文中的内容。注释（*1）处，读取鸢尾花数据集，将标签数据转换为One-Hot向量的格式。由于向Keras输入的数据需要为NumPy格式，因此使用np.array()对列表数据进行转换。在注释（*2）处，将鸢尾花数据划分为学习用与测试用两部分，与第2章相同，学习用数据占0.8（80%），而测试用则为0.2（20%）。

真正使用到Keras的内容，是注释（*3）之后的部分，在这里进行模型的定义。其中Dense指的就是全连接神经网络，换言之，仅注释（*3）这一行代码，就代表着整个神经网络。（译注：实际上注释3处并没有代码，意会作者的意思即可）keras.models.Sequential()则是定义了按次序（Sequential）添加内容至神经网络的线性堆叠模型。Dense(10)则是代表添加的神经网络中包含有10个单元（unit），然后传入Dense中的关键字参数activation与input_shape，分别表示激活函数名称及输入数据的维数。另外，该模型最终输出是3维数据，所以注释（*3a）处的Dense(3)，即表示输出单元（unit）数为3。

　　注释（*4）处，对模型进行了配置。此处指定优化器（optimizer）为Adam优化算法，损失函数则为categorical_crossentropy，这对于多元分类（多分类）来说相当有效。

　　注释（*5）处，传入学习用数据，开始学习训练。传入fit()中的不仅有标签和数据，还包括batch_size与epochs，batch_size表示每一次计算中使用的样本数量，epochs 则可以理解为重复的次数。虽然将batch_size调小之后使用的内存量就会变少，但是过小的话则会导致训练无法正常进行。注释（*6）处，使用测试用数据对模型进行评估，并返还计算得到的正确率。

　　简单总结本节内容，不难看出，依靠TensorFlow的API就能够编写出机器学习算法，如果进一步使用Keras，则可以更简单方便地实现算法。

总　结

➡ 利用TensorFlow可以解决鸢尾花分类问题。

➡ TensorFlow中能够编写各种各样的神经网络。

➡ 同时使用Keras以及TensorFlow，可以更加简单明了地编写机器学习程序。

第1章

第2章

第3章

第4章

第5章

第6章

221

5-4

使用深度学习辨识手写体数字

在本书第3章的第3-3节中，已经介绍过如何辨识手写体数字的方法，但是识别精度并不算太高，在可以运用深度学习的当下，将会再次挑战辨识手写体数字。本节中介绍的内容，即使作为TensorFlow/Keras的运用示例，也有着相当高的价值。

相关技术（关键词）	应用场景
● 深度学习（Deep Learning）	● 识别手写体数字
● TensorFlow+ Keras	
● 多层感知器（MLP）	
● 卷积神经网络（CNN）	

使用MNIST数据集

所谓MNIST数据集，指的是以黑白图像形式保存的手写体数字数据集合，包含有学习用图像6万张，以及测试用图像1万张，每张均为28x28像素的灰度图像。所谓灰度图像，是由0（白色）~255（黑色）范围之间的数值所组成的图像。

在Keras中预备了多种可用于机器学习的数据集，当然MNIST数据集也包含在其中。接下来就实际确认一下，MNIST数据集中具体有什么内容。

在Jupyter Notebook中执行以下程序。（译注：本节中介绍的Keras代码，建议在Jupyter Notebook中分单元格顺序执行，并至少正确执行过一次。建议在运行所需代码之前先执行%matplotlib inline，即可避免多次运行某些极耗时程序的情况发生）

```
import keras
from keras.datasets import mnist
from matplotlib import pyplot

# 读取MNIST的数据
(X_train, y_train), (X_test, y_test) = mnist.load_data()

# 以4x8的格式显示数据
for i in range(0, 32):
    pyplot.subplot(4, 8, i + 1)
    pyplot.imshow(X_train[i], cmap='gray')
```

```
pyplot.show()
```

执行程序之后，将会显示以下图像。与第3章中所使用的手写体数字集相比，无论是质或是量明显都更加优秀。

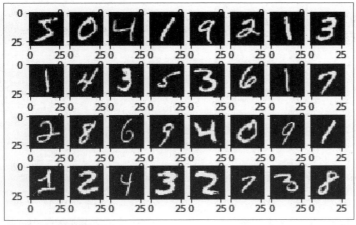

▲ MNIST的图像示例

如果在Docker中执行程序时内存不足，下载MNIST数据集的中途就会发生错误，此时需要在Docker的设置中增加内存的分配量。

在设置（Preferences>Advanced）中提高Memory分配量之后，需要重新启动Docker。

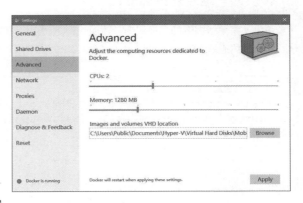

▲ Docker运行出错时，尝试提高内存分配量

如果不直接看到实际数据，可能会没有什么实感，那么就将之前读取的MNIST数据展示到Jupyter Notebook页面中实际观察一番。

```
X_train
```

运行之后，将会显示以下内容。

```
In [5]: X_train
Out[5]: array([[[0, 0, 0, ..., 0, 0, 0],
                [0, 0, 0, ..., 0, 0, 0],
                [0, 0, 0, ..., 0, 0, 0],
                ...,
                [0, 0, 0, ..., 0, 0, 0],
                [0, 0, 0, ..., 0, 0, 0],
                [0, 0, 0, ..., 0, 0, 0]],

               [[0, 0, 0, ..., 0, 0, 0],
                [0, 0, 0, ..., 0, 0, 0],
                [0, 0, 0, ..., 0, 0, 0],
                ...,
                [0, 0, 0, ..., 0, 0, 0],
                [0, 0, 0, ..., 0, 0, 0]],

               [[0, 0, 0, ..., 0, 0, 0],
                [0, 0, 0, ..., 0, 0, 0],
                [0, 0, 0, ..., 0, 0, 0],
                ...,
                [0, 0, 0, ..., 0, 0, 0],
                [0, 0, 0, ..., 0, 0, 0],
                [0, 0, 0, ..., 0, 0, 0]],

               ...,
```

▲ 实际数据

可以从这个三维数组中看出，每张图像均是由25x25的二维数组表示的。

使用最简单的神经网络解开MNIST分类问题

与之前鸢尾花分类问题处理过程相同，使用最简单的神经网络完成MNIST手写体数字的分类。

转换为一维序列并标准化

首先，将单张图像的二维数据，转换成28 × 28 = 784的一维数组。另外，需要对数据进行标准化，除以颜色的最大值255，映射为0.0至1.0之间的对应数值。

```
# 将数据转换成长度为28*28=784的一维数组
X_train = X_train.reshape(-1, 784).astype('float32') / 255
X_test = X_test.reshape(-1, 784).astype('float32') / 255
# 确认数据
X_train
```

在Jupyter Notebook中执行该程序之后，将会显示以下结果，能够看到每张图像均已转换成一维数据。（整体数据为二维数组，是因为其中包含了多张图像的数据）

```
In [6]:  # 将数据转换成长度为28*28=784的一维数组
         X_train = X_train.reshape(-1, 784).astype('float32') / 255
         X_test = X_test.reshape(-1, 784).astype('float32') / 255
         # 确认数据
         X_train

Out[6]:  array([[0., 0., 0., ..., 0., 0., 0.],
                [0., 0., 0., ..., 0., 0., 0.],
                [0., 0., 0., ..., 0., 0., 0.],
                ...,
                [0., 0., 0., ..., 0., 0., 0.],
                [0., 0., 0., ..., 0., 0., 0.],
                [0., 0., 0., ..., 0., 0., 0.]], dtype=float32)
```

▲ 二维图像数据转换成一维数据

　　另外，还有一点与之前的鸢尾花分类问题处理过程相同，就是需要将标签数据转化成One-Hot向量的格式。上次是使用map()函数进行的转变，这里使用Keras的功能也可以完成相同的处理。

```
# 将标签数据转换成One-Hot向量的格式
y_train = keras.utils.np_utils.to_categorical(y_train.
astype('int32'), 10)
y_test = keras.utils.np_utils.to_categorical(y_test.astype('int32'),
10)
```

使用Keras构建模型

　　接下来，使用Keras构建神经网络模型解决分类问题。

```
# 指定输入与输出 --- (*1)
in_size = 28 * 28
out_size = 10

# 定义模型 --- (*2)
Dense = keras.layers.Dense
model = keras.models.Sequential()
model.add(Dense(512, activation='relu', input_shape=(in_size,)))
model.add(Dense(out_size, activation='softmax'))

# 构建模型 --- (*3)
model.compile(
    loss='categorical_crossentropy',
    optimizer='adam',
    metrics=['accuracy'])

# 进行学习 --- (*4)
model.fit(X_train, y_train,
    batch_size=20, epochs=20)

# 评估模型 --- (*5)
score = model.evaluate(X_test, y_test, verbose=1)
```

225

```
print('正确率=', score[1], 'loss=', score[0])
```

因为数据量较多，程序全部执行完毕需要消耗一些时间。因为使用的是很简单的神经网络模型，所以并没有对最终结果抱有期待，但实际结果为0.9808（约98%），是一个相当不错的成果。

```
# 评估模型—— (*5)
score = model.evaluate(X_test, y_test, verbose=1)
print('正确率=', score[1], 'loss=', score[0])

Epoch 1/20
60000/60000 [==============================] - 15s 252us/step - loss: 0.1897 - accuracy: 0.9432
Epoch 2/20
60000/60000 [==============================] - 15s 255us/step - loss: 0.0775 - accuracy: 0.9759
Epoch 3/20
60000/60000 [==============================] - 16s 262us/step - loss: 0.0514 - accuracy: 0.9839
Epoch 4/20
60000/60000 [==============================] - 16s 267us/step - loss: 0.0368 - accuracy: 0.9879
Epoch 5/20
60000/60000 [==============================] - 16s 266us/step - loss: 0.0273 - accuracy: 0.9910
Epoch 6/20
60000/60000 [==============================] - 16s 270us/step - loss: 0.0224 - accuracy: 0.9923
Epoch 7/20
60000/60000 [==============================] - 16s 270us/step - loss: 0.0187 - accuracy: 0.9938
Epoch 8/20
60000/60000 [==============================] - 16s 271us/step - loss: 0.0166 - accuracy: 0.9940
Epoch 9/20
60000/60000 [==============================] - 16s 273us/step - loss: 0.0124 - accuracy: 0.9955
Epoch 10/20
60000/60000 [==============================] - 17s 278us/step - loss: 0.0132 - accuracy: 0.9957
Epoch 11/20
60000/60000 [==============================] - 17s 288us/step - loss: 0.0149 - accuracy: 0.9954
Epoch 12/20
60000/60000 [==============================] - 17s 281us/step - loss: 0.0087 - accuracy: 0.9970
Epoch 13/20
60000/60000 [==============================] - 17s 280us/step - loss: 0.0114 - accuracy: 0.9962
Epoch 14/20
60000/60000 [==============================] - 18s 293us/step - loss: 0.0093 - accuracy: 0.9969
Epoch 15/20
60000/60000 [==============================] - 17s 281us/step - loss: 0.0091 - accuracy: 0.9971
Epoch 16/20
60000/60000 [==============================] - 17s 279us/step - loss: 0.0090 - accuracy: 0.9971
Epoch 17/20
60000/60000 [==============================] - 17s 289us/step - loss: 0.0078 - accuracy: 0.9975
Epoch 18/20
60000/60000 [==============================] - 18s 303us/step - loss: 0.0083 - accuracy: 0.9975
Epoch 19/20
60000/60000 [==============================] - 17s 281us/step - loss: 0.0070 - accuracy: 0.9979
Epoch 20/20
60000/60000 [==============================] - 17s 290us/step - loss: 0.0090 - accuracy: 0.9972
10000/10000 [==============================] - 0s 24us/step
正确率= 0.98089998960495 loss= 0.1486652563663938
```

▲ 与前一节相同的简单神经网络运行示例

梳理一下前文所述的程序。注释（*1）处，指定了输入与输出的大小，输入是单张图像的大小（28x28像素），而输出则是0到9共10种结果。

注释（*2）处，构建了简单的神经网络模型，此处与之前章节中的内容相比，包含在网络中的单元（unit）数量增加到了512个。注释（*3）处构建好模型，在注释（*4）处开始实际的学习训练。最后在注释（*5）处，对模型进行评估。

利用MLP挑战MNIST分类问题

接下来，将利用名为"多层感知器"的算法尝试挑战MNIST分类问题。多层感知器可以简称为MLP，与之前章节中介绍的相同，神经网络的结构如下所示。

扫码看视频

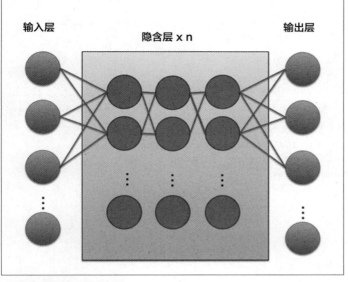

输入层　　　　　隐含层 x n　　　　　输出层

▲ 多层感知器MLP的结构

　　从输入层传入数据之后，经过复数隐含层之后由输出层传出结果，即是MLP的特征。在Keras中则会使用以下方式定义模型。

```
in_size = 28 * 28
out_size = 10
……省略……
model = Sequential()
model.add(Dense(512, activation='relu', input_shape=(in_size,)))
model.add(Dropout(0.2))
model.add(Dense(512, activation='relu'))
model.add(Dropout(0.2))
model.add(Dense(out_size, activation='softmax'))
```

　　上文程序中已展现出MLP的特征，通过model.add()方法即可添加多个隐含层。

随机失活：缺失了反而会提高精度？

　　与model.add()相对，存在着另一种方法Dropout()，这是用于进行随机失活的机能。所谓随机失活，是指随机选择若干输入并将其设置为0，可理解为忘掉部分已经记住的内容，该方法是用于防止过拟合。忘记部分内容反而会提高学习精度，这真的是非常有趣。

完整MLP实现程序

之前已经对程序的内容进行了介绍，完整的程序将会全部展示在下文中。

▼ mnist-mlp.py

```
# 利用MLP挑战MNIST分类问题
import keras
from keras.models import Sequential
from keras.layers import Dense, Dropout
from tensorflow.keras.optimizers import RMSprop
from keras.datasets import mnist
import matplotlib.pyplot as plt

# 指定输入与输出
in_size = 28 * 28
out_size = 10

# 读取MNIST数据 --- (*1)
(X_train, y_train), (X_test, y_test) = mnist.load_data()
# 将数据转换成长度为28*28=784的一维数组
X_train = X_train.reshape(-1, 784).astype('float32') / 255
X_test = X_test.reshape(-1, 784).astype('float32') / 255
# 将标签数据转换成One-Hot向量的格式
y_train = keras.utils.np_utils.to_categorical(y_train.
astype('int32'),10)
y_test = keras.utils.np_utils.to_categorical(y_test.
astype('int32'),10)

# 定义MLP模型 --- (*2)
model = Sequential()
model.add(Dense(512, activation='relu', input_shape=(in_size,)))
model.add(Dropout(0.2))
model.add(Dense(512, activation='relu'))
model.add(Dropout(0.2))
model.add(Dense(out_size, activation='softmax'))

# 配置模型 --- (*3)
model.compile(
    loss='categorical_crossentropy',
    optimizer=RMSprop(),
    metrics=['accuracy'])

# 进行学习 --- (*4)
hist = model.fit(X_train, y_train,
        batch_size=128,
        epochs=50,
        verbose=1,
```

```
            validation_data=(X_test, y_test))

# 评估模型 --- (*5)
score = model.evaluate(X_test, y_test, verbose=1)
print('正确率=', score[1], 'loss=', score[0])


# 将学习情况绘制成折线图 --- (*6)
# 绘制正确率变化折线图
plt.plot(hist.history['accuracy'])
plt.plot(hist.history['val_accuracy'])
plt.title('Accuracy')
plt.legend(['train', 'test'], loc='upper left')
plt.show()

# 绘制损失变化折线图
plt.plot(hist.history['loss'])
plt.plot(hist.history['val_loss'])
plt.title('Loss')
plt.legend(['train', 'test'], loc='upper left')
plt.show()
```

执行程序之后可以获得结果0.984（98.4%），与之前相比，正确率有些许提高。

▲ 利用MLP处理MNIST分类问题

下面对前文的程序进行梳理。注释（*1）处，读取MNIST数据，并转换成神经网络所需的形式。

注释（*2）处，定义了MLP模型，如前文所介绍的那样，重点在于添加了多个隐含层。

注释（*3）处编译模型之后，在注释（*4）处开始学习训练。最后在注释（*5）处，经过计算得出最终结果。

因为Keras的fit()方法记录了正确率（Accuracy）的历史数据，所以注释（*6）处利用该数据，绘制了正确率与损失的折线图。此处的"损失（loss）"指的是与正确答案之间到底有多少差距的数值体现。

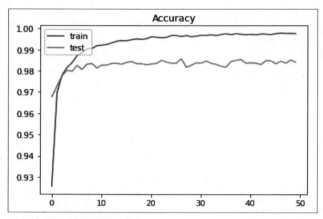

▲ MLP学习下的正确率变化

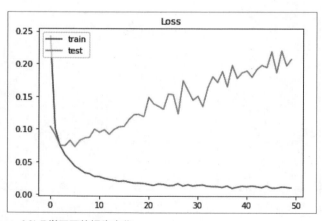

▲ MLP学习下的损失变化

改良提示

在本节内容中，利用MLP在MNIST问题上获得了0.984（98.4%）的得分，但如果换作卷积神经网络（Convolutional Neural Network，简称CNN），还能够进一步提高精度。

扫码看视频

230

CNN是由卷积层（Convolution Layer）与池化层（Pooling Layer）所构成的神经网络，以能够高精度完成图像数据解析而闻名，另外在语音识别、人脸识别、推荐功能以及翻译等应用场景中，均有不错的表现。

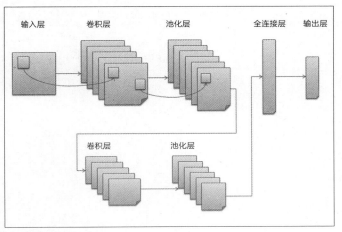

▲ CNN的构成

那么，尝试使用TensorFlow与Keras实现该模型吧。大体上与本节之前介绍过的MLP程序相同，只是在模型的构建方式及参数的指定方面稍有不同，具体程序如下文所示。

▼ mnist-cnn.py

```
#  利用CNN挑战MNIST分类问题
import keras
from keras.models import Sequential
from keras.layers import Dense, Dropout, Flatten
from keras.layers import Conv2D, MaxPooling2D
from keras.optimizers import RMSprop
from keras.datasets import mnist
import matplotlib.pyplot as plt

#  指定输入与输出 --- (*1)
im_rows = 28 #  图像竖向像素数
im_cols = 28 #  图像横向像素数
im_color = 1 #  图像的颜色空间/灰度
in_shape = (im_rows, im_cols, im_color)
out_size = 10

#  读取MNIST数据
(X_train, y_train), (X_test, y_test) = mnist.load_data()
#  将读取的数据转为三维数组 --- (*1a)
X_train = X_train.reshape(-1, im_rows, im_cols, im_color)
X_train = X_train.astype('float32') / 255
```

```python
X_test = X_test.reshape(-1, im_rows, im_cols, im_color)
X_test = X_test.astype('float32') / 255
# 将标签数据转换成One-Hot向量的格式
y_train = keras.utils.np_utils.to_categorical(y_train.
astype('int32'),10)
y_test = keras.utils.np_utils.to_categorical(y_test.
astype('int32'),10)

# 定义CNN模型 --- (*2)
model = Sequential()
model.add(Conv2D(32,
          kernel_size=(3, 3),
          activation='relu',
          input_shape=in_shape))
model.add(Conv2D(64, (3, 3), activation='relu'))
model.add(MaxPooling2D(pool_size=(2, 2)))
model.add(Dropout(0.25))
model.add(Flatten())
model.add(Dense(128, activation='relu'))
model.add(Dropout(0.5))
model.add(Dense(out_size, activation='softmax'))

# 配置模型 --- (*3)
model.compile(
    loss='categorical_crossentropy',
    optimizer=RMSprop(),
    metrics=['accuracy'])

# 进行学习 --- (*4)
hist = model.fit(X_train, y_train,
          batch_size=128,
          epochs=12,
          verbose=1,
          validation_data=(X_test, y_test))

# 评估模型 --- (*5)
score = model.evaluate(X_test, y_test, verbose=1)
print('正确率=', score[1], 'loss=', score[0])

# 将学习情况绘制成折线图 --- (*6)
# 绘制正确率变化折线图
plt.plot(hist.history['accuracy'])
plt.plot(hist.history['val_accuracy'])
plt.title('Accuracy')
plt.legend(['train', 'test'], loc='upper left')
plt.show()

# 绘制损失变化折线图
```

```
plt.plot(hist.history['loss'])
plt.plot(hist.history['val_loss'])
plt.title('Loss')
plt.legend(['train', 'test'], loc='upper left')
plt.show()
```

执行程序之后，将会显示以下结果。运行所需的时间比本节之前的程序更久，但最终可以获得0.9887（约99%）的高精度结果。

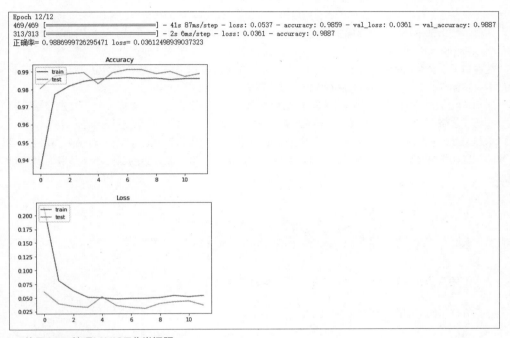

▲ 使用CNN处理MNIST分类问题

接下来在逐段梳理该程序时，同时思考CNN的机制。在本节之前的内容中，处理图像分类问题时，均是将二维的图像变形成一维向量之后，再交给神经网络学习。但是CNN则不然，是维持图像原本的二维形式直接进行卷积，获取图像的特征之后再进行分类。

首先看一下程序注释（*1）部分，在CNN中构建卷积层时，需要将图像转换成高度、宽度、颜色组成的三维数据，可以看到在注释（*1a）处，即是对读取到的MNIST数据进行三维转换。经过该处理之后，数据将会变为以下格式。

```
array([[[[0],
        [0],
        [0],
        ...,
        [0],
        [0],
        [0]]]], dtype=float32)
```

　　在看到这个全是0的数组时，很容易对数据的实际意义产生疑问，但是一般的图像，是由光的三原色——红、绿、蓝所构成的彩色图像，所以每一个像素都是由对应的某个数组来表示的。

　　注释（＊2）部分则是该程序最主要的内容，用于定义CNN的模型。其中Conv2D()可以生成卷积层，MaxPooling2D()生成池化层，而Flatten()则会对输入进行平滑化处理。

　　在卷积层中会对图像的特征值进行卷积，具体而言，是在对图像各个部分的特征进行调查。在池化层中，仅保留图像数据的特征并进行压缩，该处理会使得之后的其他处理更加容易。

　　注释（＊3）之后的部分，则与本节之前的程序相同，编译模型之后，注释（＊4）处进行学习训练，接着在注释（＊5）处评估模型，最后在注释（＊6）处将学习的情况绘制成统计图表。

　　本节至此，已经利用TensorFlow与Keras成功完成了MINST手写数字的分类问题，并且介绍了MLP以及CNN等模型的算法。由此可以看出，使用深度学习处理分类问题时能够获得相当高的精度。

总　结

➡ 使用TensorFlow/Keras可以很简便地实现深度学习。

➡ 介绍了如何实现MLP与CNN算法。

➡ 在实现深度学习时，可以使用与之前机器学习几乎完全相同的方法解决问题。

5-5

辨识照片中的物体

本节将会制作用于识别照片中所拍摄物体的程序，为此需要利用名为CIFAR-10的数据集。该图像数据集中，包含有飞机、汽车、鸟类、猫咪等10种照片共6万张，依靠深度学习对其进行辨识。

相关技术（关键词）	应用场景
●CIFAR-10数据集 ●多层感知器（MLP） ●卷积神经网络（CNN）	●辨别照片中的物体

CIFAR-10是什么？

在80 Million Tiny Images的网站上公布了约8000万张图像，从中提取出约6万张图像，附上标签之后构成的数据集合即为CIFAR-10，全部6万张图像均为全彩，但图像的尺寸仅有32x32像素。可以在下面的URL中找到相关内容。

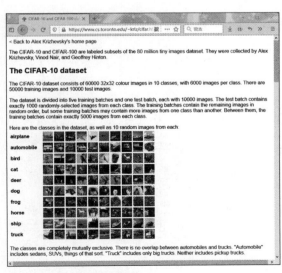

▲ CIFAR-10数据集的网站

CIFAR-10数据集包含以下特征：

● 总共6万张（学习用5万张，测试用1万张）图像以及标签
● 图像大小为32x32像素
● 全彩（RGB 3通道）

下载CIFAR-10

Keras中包含有下载CIFAR-10数据集的功能，在Jupyter Notebook中执行以下程序之后，即可下载CIFAR-10数据。

```
from keras.datasets import cifar10
(X_train, y_train), (X_test, y_test) = cifar10.load_data()
```

在Jupyter Notebook中可以确认已下载完成的数据，执行以下代码后，会展示40个示例，并标记出物体对应的名称。

```
import matplotlib.pyplot as plt
from PIL import Image

plt.figure(figsize=(10, 10))
labels = ["airplane", "automobile", "bird", "cat", "deer", "dog",
"frog", "horse", "ship", "truck"]
for i in range(0, 40):
    im = Image.fromarray(X_train[i])
    plt.subplot(5, 8, i + 1)
    plt.title(labels[y_train[i][0]])
    plt.tick_params(labelbottom="off",bottom="off") # 关闭x轴
    plt.tick_params(labelleft="off",left="off") # 关闭y轴
    plt.imshow(im)

plt.show()
```

执行程序之后，将会显示以下内容。另外，建议在运行程序之前，先执行%matplotlib inline代码。

▲ CIFAR-10中的图像

下面确认一下数组中具体的数据。展示X_train的数据之后，将会显示以下内容，可以看出来，图像是由三维数组构成的。

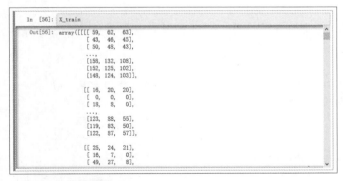

▲ CIFAR-10的数据

简单来说，CIFAR-10数据集问题，是针对10种不同类别的物体图像进行学习，然后输入未知的图像之后，辨别其中的内容具体为何物。

237

尝试通过MLP解决CIFAR-10分类问题

与之前章节相同，先使用多层感知器（MLP）算法处理此分类问题，相关程序如下所示。

扫码看视频

▼ cifar10-mlp.py

```python
import matplotlib.pyplot as plt
import keras
from keras.datasets import cifar10
from keras.models import Sequential
from keras.layers import Dense, Dropout

num_classes = 10
im_rows = 32
im_cols = 32
im_size = im_rows * im_cols * 3

# 读取数据 --- (*1)
(X_train, y_train), (X_test, y_test) = cifar10.load_data()

# 将数据转换成一维数组 --- (*2)
X_train = X_train.reshape(-1, im_size).astype('float32') / 255
X_test = X_test.reshape(-1, im_size).astype('float32') / 255
# 将标签数据转换成One-Hot向量格式
y_train = keras.utils.np_utils.to_categorical(y_train, num_classes)
y_test = keras.utils.np_utils.to_categorical(y_test, num_classes)

# 定义模型 --- (*3)
model = Sequential()
model.add(Dense(512, activation='relu', input_shape=(im_size,)))
model.add(Dense(num_classes, activation='softmax'))

# 配置模型 --- (*4)
model.compile(
    loss='categorical_crossentropy',
    optimizer='adam',
    metrics=['accuracy'])

# 进行学习 --- (*5)
hist = model.fit(X_train, y_train,
    batch_size=32, epochs=50,
    verbose=1,
    validation_data=(X_test, y_test))

# 评估模型 --- (*6)
score = model.evaluate(X_test, y_test, verbose=1)
print('正确率=', score[1], 'loss=', score[0])
```

```
#  将学习情况绘制成折线图 --- (*7)
plt.plot(hist.history['accuracy'])
plt.plot(hist.history['val_accuracy'])
plt.title('Accuracy')
plt.legend(['train', 'test'], loc='upper left')
plt.show()
plt.plot(hist.history['loss'])
plt.plot(hist.history['val_loss'])
plt.title('Loss')
plt.legend(['train', 'test'], loc='upper left')
plt.show()
```

执行程序之后，将会显示以下内容。

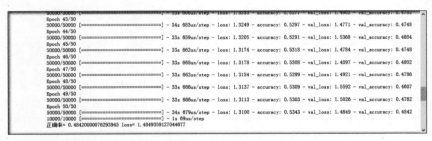

▲ 使用MLP挑战CIFAR-10分类问题

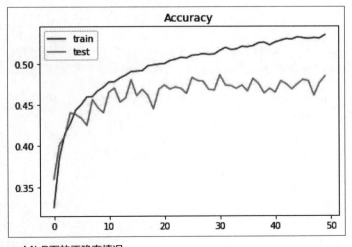

▲ MLP下的正确率情况

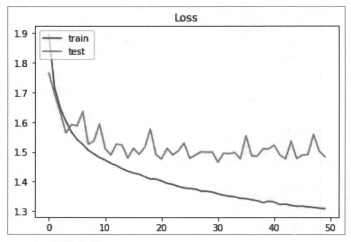

▲ MLP下的损失情况

　　根据执行结果可知，正确率为0.484（约48%），虽然并不算多好的结果，但使用10种数据进行分类的情况下，只能能获得0.1（10%）以上的值，大体上就能够做出基本的判断。

　　接下来对该程序进行梳理。注释（＊1）处，读取CIFAR-10的图像数据。注释（＊2）处，将数据转换成一维数组，并且把标签转变成One-Hot向量的格式。注释（＊3）处定义了简单的MLP模型，注释（＊4）处对其进行编译，注释（＊5）处进行学习训练。最后在注释（＊6）处，使用测试用数据进行评估并计算结果。注释（＊7）处，则是把学习情况描绘成统计图。

　　顺带一提，仔细观察后可以发现，该程序与前一节中的MLP程序几乎完全相同。不难得出结论，不论是何种图像数据，只要转变成一维的数组，就可以使用MLP模型进行深度学习。

尝试通过CNN解决CIFAR-10分类问题

　　使用MLP处理分类问题时，仅有0.484的正确率，也就是说，2次中就会有1次以上的情况出现与期待不符的答案。接下来，就使用卷积神经网络（CNN）解决该分类问题。

扫码看视频

　　前一节中也有相同的过程，在使用CNN之后，虽然运行的时间变久了，但是可以获得比MLP更高的精度。事不宜迟，这就开始制作相关的程序。另外，这次将会尝试制作比之前更加复杂的模型。

▼ cifar10-cnn.py

```python
import matplotlib.pyplot as plt
import keras
from keras.datasets import cifar10
from keras.models import Sequential
from keras.layers import Dense, Dropout, Activation, Flatten
from keras.layers import Conv2D, MaxPooling2D
```

```
num_classes = 10
im_rows = 32
im_cols = 32
in_shape = (im_rows, im_cols, 3)

# 读取数据 --- (*1)
(X_train, y_train), (X_test, y_test) = cifar10.load_data()

# 数据标准化 --- (*2)
X_train = X_train.astype('float32') / 255
X_test = X_test.astype('float32') / 255
# 将标签数据转换成One-Hot向量格式
y_train = keras.utils.np_utils.to_categorical(y_train, num_classes)
y_test = keras.utils.np_utils.to_categorical(y_test, num_classes)

# 定义模型 --- (*3)
model = Sequential()
model.add(Conv2D(32, (3, 3), padding='same',
                 input_shape=in_shape))
model.add(Activation('relu'))
model.add(Conv2D(32, (3, 3)))
model.add(Activation('relu'))
model.add(MaxPooling2D(pool_size=(2, 2)))
model.add(Dropout(0.25))

model.add(Conv2D(64, (3, 3), padding='same'))
model.add(Activation('relu'))
model.add(Conv2D(64, (3, 3)))
model.add(Activation('relu'))
model.add(MaxPooling2D(pool_size=(2, 2)))
model.add(Dropout(0.25))

model.add(Flatten())
model.add(Dense(512))
model.add(Activation('relu'))
model.add(Dropout(0.5))
model.add(Dense(num_classes))
model.add(Activation('softmax'))

# 配置模型 --- (*4)
model.compile(
    loss='categorical_crossentropy',
    optimizer='adam',
    metrics=['accuracy'])

# 进行学习 --- (*5)
hist = model.fit(X_train, y_train,
    batch_size=32, epochs=50,
    verbose=1,
```

第1章

第2章

第3章

第4章

第5章

第6章

241

```
                validation_data=(X_test, y_test))

# 评估模型 --- (*6)
score = model.evaluate(X_test, y_test, verbose=1)
print('正确率=', score[1], 'loss=', score[0])

# 将学习情况绘制成折线图 --- (*7)
plt.plot(hist.history['accuracy'])
plt.plot(hist.history['val_accuracy'])
plt.title('Accuracy')
plt.legend(['train', 'test'], loc='upper left')
plt.show()
plt.plot(hist.history['loss'])
plt.plot(hist.history['val_loss'])
plt.title('Loss')
plt.legend(['train', 'test'], loc='upper left')
plt.show()
```

　　程序执行之后会获得以下结果，正确率为0.7963（约80%），与MLP获得的精度0.484相比已有大幅改善。

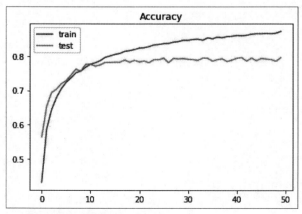

```
                50000/50000 [==============================] - 153s 3ms/step - loss: 0.3909 - accurac
y: 0.8657 - val_loss: 0.6991 - val_accuracy: 0.7868
Epoch 46/50
50000/50000 [==============================] - 156s 3ms/step - loss: 0.3918 - accurac
y: 0.8656 - val_loss: 0.6768 - val_accuracy: 0.7936
Epoch 47/50
50000/50000 [==============================] - 152s 3ms/step - loss: 0.3831 - accurac
y: 0.8665 - val_loss: 0.6935 - val_accuracy: 0.7918
Epoch 48/50
50000/50000 [==============================] - 160s 3ms/step - loss: 0.3849 - accurac
y: 0.8657 - val_loss: 0.6933 - val_accuracy: 0.7901
Epoch 49/50
50000/50000 [==============================] - 150s 3ms/step - loss: 0.3846 - accurac
y: 0.8674 - val_loss: 0.7047 - val_accuracy: 0.7854
Epoch 50/50
50000/50000 [==============================] - 163s 3ms/step - loss: 0.3706 - accurac
y: 0.8726 - val_loss: 0.7270 - val_accuracy: 0.7963
10000/10000 [==============================] - 6s 623us/step
正确率= 0.7962999939918518 loss= 0.7270123479843139
```

▲ 使用CNN对CIFAR-10进行分类后的结果

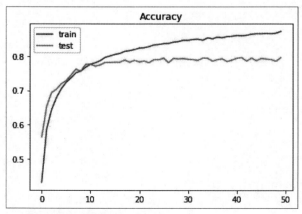

▲ CNN模型下的正确率情况

242

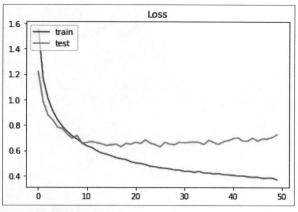

▲ CNN模型下的损失情况

　　下面对该程序进行梳理。注释（*1）处，与之前的程序相同，读取了CIFAR-10的数据。注释（*2）处，进行了标准化处理。CNN与MLP不同，不需要转变成一维数组，可以直接使用由长×宽×RGB颜色空间所组成的三维数据。

　　注释（*3）处，定义了CNN模型。CIFAR-10数据集与手写数字的辨识相比要复杂得多，因此对比上次构建的CNN模型，本次在搭建神经网络时添加了更多的卷积层与池化层。可以发现，利用model.add()按照顺序添加的层有很多，但依然可以很清楚地看出具体加入了哪些层，从这一点可以了解到Keras程序简洁易懂的特点。

　　该构造中包含有卷积、卷积、池化、失活、卷积、卷积、池化、平滑等各层，是一个能够不断堆叠下去的结构。此类模型，因为与VGG队伍在2014年举办的图像识别竞赛ILSVRC-2014中获得优秀成绩的模型相似，所以也被称作VGG like。

　　接下来还有一系列的操作，注释（*4）处对模型进行编译，注释（*5）处进行学习训练，注释（*6）处对模型进行评估，以及在注释（*7）处将学习的情况绘制成统计图。

保存学习结果

　　使用CNN进行学习训练，总是会花费大量的时间，每次都是如此会十分辛苦。因此，与之前scikit-learn相同，可以将学习完成后的权重数据保存至文件中。

　　保存数据需要在模型准备好的情况下，使用save_weights()方法。之前使用CNN进行学习训练的程序cifar10-cnn.py在Jupyter Notebook中运行完成之后，再执行以下内容，就能够将权重数据保存到文件中。

```
model.save_weights('cifar10-weight.h5')
```

　　读取文件中保存的数据时，需要使用load_weights()方法。

```
model.load_weights('cifar10-weight.h5')
```

尝试辨识自己准备的照片

接下来，尝试是否能够正确辨识出自行准备的汽车图像，此处使用的辨识对象如下所示。

▲ 作为辨识对象的汽车示例图像（是最近笔者依然在使用的爱车）

这里将使用之前的内容将训练好的模型权重保存至文件中。例如本节之前利用MLP进行学习训练的cifar10-mlp.py，在Jupyter Notebook中运行完毕之后，执行以下程序，即可把权重数据保存至文件中。

```
model.save_weights('cifar10-mlp-weight.h5')
```

下面读取保存好的MLP权重数据，尝试辨别示例图像属于CIFAR-10中的哪一种分类。在Jupyter Notebook中执行以下程序。

```
import cv2
import numpy as np

labels = ["airplane", "automobile", "bird", "cat", "deer", "dog",
"frog", "horse", "ship", "truck"]
im_size = 32 * 32 * 3

# 读取模型 --- (*1)
model.load_weights('cifar10-mlp-weight.h5')

# 使用OpenCV读取图像 --- (*2)
im = cv2.imread('test-car.jpg')
# 转换颜色空间并调整图像尺寸
im = cv2.cvtColor(im, cv2.COLOR_BGR2RGB)
```

```
im = cv2.resize(im, (32, 32))
plt.imshow(im)  # 输出图像
plt.show()

# 配合使用MLP学习过的图像数据 --- (*3)
im = im.reshape(im_size).astype('float32') / 255
# 结果预测 --- (*4)
r = model.predict(np.array([im]), batch_size=32,verbose=1)
res = r[0]
# 结果展示 --- (*5)
for i, acc in enumerate(res):
    print(labels[i], "=", int(acc * 100))
print("---")
print("预测结果为=", labels[res.argmax()])
```

　　执行程序之后，可以正确辨识图像中的内容automobile（汽车），同时也展示了其他类别的符合
程度。

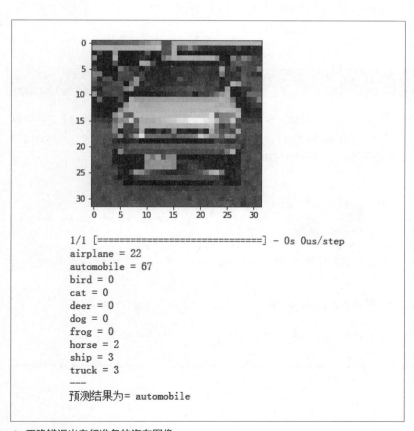

▲ 正确辨识出自行准备的汽车图像

245

梳理一下前文的程序。注释（*1）处，读取了模型数据。注释（*2）处，使用OpenCV读取图像。OpenCV的imread()函数返回的是NumPy数组，非常便于处理，但OpenCV颜色空间的顺序是BGR（蓝绿红），需要转换成RGB（红绿蓝），同时也将图像尺寸调整为32x32像素。

因为MLP在学习图像数据时，使用的图像数据为32x32x3（=3072）个数组，因此注释（*3）处将读取的图片也转换成相同的格式。注释（*4）处，使用模型的predict()方法，对图像进行结果预测。

注释（*5）处，将预测的结果显示出来。保存预测结果的数组res，其长度是分类的种类数量10个，数组中拥有最大值的项即为预测结果。使用argmax()函数就可以获得数组中拥有最大值的序号，这里简单测试一下argmax()的运行效果如何。

```
import numpy as np
print(np.array([1, 0, 9, 3]).argmax())  # 结果→ 2
print(np.array([1, 3, 2, 9]).argmax())  # 结果→ 3
print(np.array([9, 0, 2, 3]).argmax())  # 结果→ 0
```

想使用CNN的模型时，使用相同的方法即可保存权重数据。另外，使用predict()方法，就可以辨识自己准备的其他图像。

应用提示

本节内容至此，已经使用MLP和CNN两种算法，对预先准备好的CIFAR-10数据集进行了处理。使用CNN模型，即使是物体识别这类较为复杂的分类问题，也能够获得很高的精度。准备好待测试数据，计算机也能够做到与人眼辨识物品相同的事情。

总 结

→ 学习CIFAR-10数据集后进行物体识别相关的分类问题，依然可以使用MLP和CNN算法。

→ 完成学习训练之后可以使用save_weights()方法将权重数据保存至文件中。

→ 训练过的模型不仅可以用于精度调查，也能够对自行准备的图像进行分类。

应该在何时使用深度学习？

在本节中已经介绍过深度学习（Deep Learning）相关的具体实现流程，相比起本书前半部分介绍过的scikit-learn，制作出来的程序不仅耗时更长，步骤也更加繁杂，特别是运行程序所需的时间，实在是相当长。

那么，到底在什么情况下才应该使用深度学习呢？答案是在需要获得较高精度时。归根结底，深度学习是机器学习的研究方向之一，如果使用scikit-learn，依靠SVM或者随机森林等算法也能够获得足够的精度，就完全不需要使用深度学习。总是无法获得理想的结果，即使花费大量时间也要获得更高的精度时，再尝试使用深度学习吧。

第1章

第2章

第3章

第4章

第5章

第6章

第 6 章

通过机器学习
让工作效率化

本章的内容为应用篇，在活用之前章节所学知识的基础之上，把机器学习灵活应用到各类实例当中。具体来说，将会介绍把机器学习与Web应用及业务系统相结合的方法。

6-1

将机器学习导入业务系统

在之前的章节中，主要学习的是实现机器学习与深度学习的程序。本章则会介绍如何在业务系统中运用机器学习及深度学习程序。作为本章的引导部分，本节会进行总体概要的说明，并简单介绍其他各节的内容。

相关技术（关键词）	应用场景
●业务系统 ●导入机器学习	●向业务系统中导入机器学习时

现有业务系统

实际中，存在各式各样的业务系统，使用的技术、语言以及服务器配置等也不尽相同。本书将会针对以下业务系统，介绍该如何向其中导入机器学习。

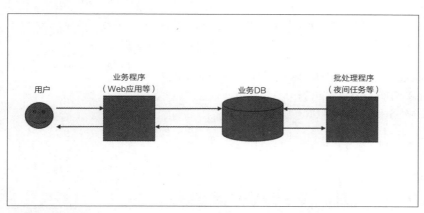

▲ 业务系统示例

用户访问业务程序之后，业务程序会接入业务DB并进行必要的处理（数据的添加、浏览、更新、删除），然后将结果反馈给用户。

将机器学习导入业务系统

在前文所说的业务系统中导入机器学习时，应该使用怎样的结构呢？本书将会说明如何搭建以下基本结构。

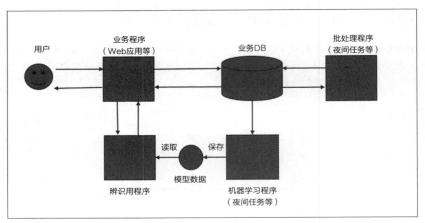

▲ 结合业务系统的示例

首先在夜间任务中，机器学习程序调用业务DB中的数据进行机器学习，并生成模型数据（由机器学习的结果导出后获得）。然后，当业务系统调用辨识程序时，程序即可读取模型数据并返回机器学习的辨识结果。

在之前的章节中，在机器学习（fit）完成之后，立刻就执行了辨识处理（predict），并没有经过模型数据的保存及调用，也没有通过Web应用程序调用辨识程序。另外，使用的数据多为CSV等文本数据，从未使用过数据库（RDBMS）。因此，本章将会在各节中学习以下内容：

● 模型数据保存及读取的方法（包含从机器学习程序中分离出辨识程序）
● 通过Web应用程序调用辨识程序的方法
● 将数据库（RDBMS）作为学习用数据来源的方法

完成本章节的学习之后，在业务系统中导入机器学习的印象将会得到大幅度提升。

总 结

用户访问业务系统后，业务DB会对程序进行批处理。

将机器学习导入业务系统后，原有的业务系统将发生变化。

6-2

模型的保存与读取

在业务系统中使用机器学习时，如果每次都不得不重头学习数据的话，会花费大量的时间，导致效率低下。所以，本节将会学习如何读取以及保存学习结果的方法。

相关技术（关键词）	应用场景
● 鸢尾花数据集 ● scikit-learn ● TensorFlow与Keras ● joblib	● 分类器与模型的保存及读取

模型持久化的方法

在之前的章节中的单个机器学习程序流程里，完成机器学习（fit）之后，紧接着就进行了辨识处理（predict）。

但在实际的业务系统中，每次启动程序时都重新学习数据的话，会导致响应时间过长。比如在应用深度学习的情况下，通常学习时间都会长达数小时，等学习完成后再经过辨识处理，最后返回结果时已经超时太久。

因此，在业务中运用机器学习时，通常使用的是下图方框内的结构。

扫码看视频

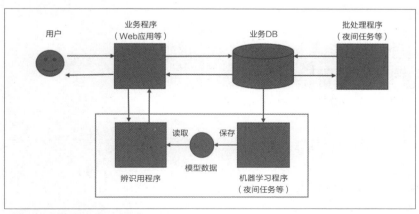

▲ 读取已经保存好的分类器进行测试

具体组成结构如下所示:

● **分离机器学习用程序与辨识用程序。**
● **机器学习程序在夜间任务中完成学习并保存模型。**
● **辨识用程序在启动时读取模型后完成判断。**

本节将会展示在使用各类库时，如何保存以及读取模型的方法。

scikit-learn中模型的保存与读取

为了实际演示保存与读取的方法，例子中将会使用scikit-learn的样本数据。下面是保存模型的示例程序。

▼ sk_save.py

```python
from sklearn import datasets, svm
import joblib

# 读取鸢尾花样本数据集
iris = datasets.load_iris()

# 学习数据
clf = svm.SVC()
clf.fit(iris.data, iris.target)

# 保存模型
joblib.dump(clf, 'iris.pkl', compress=True)
```

可以看到，在程序的最后使用了函数joblib.dump()，使用该函数可以将分类器、参数以及模型全部保存至文件中。调用函数时，使用参数compress=True可以压缩之后再保存。

接下来是读取保存好的模型进行测试。

▼ sk_load.py

```python
from sklearn import datasets, svm
import joblib
from sklearn.metrics import accuracy_score

# 读取保存好的模型及分类器
clf = joblib.load('iris.pkl')

# 读取鸢尾花样本数据集
iris = datasets.load_iris()
# 预测结果
pre = clf.predict(iris.data)
```

```
# 查看正确率
print(accuracy_score(iris.target, pre))
```

尝试执行程序，输出结果如下所示。

```
In [3]: from sklearn import datasets, svm
        from sklearn.metrics import accuracy_score
        import joblib

        # 读取保存好的模型及分类器
        clf = joblib.load('iris.pkl')

        # 读取鸢尾花样本数据集
        iris = datasets.load_iris()
        # 预测结果
        pre = clf.predict(iris.data)
        # 查看正确率
        print(accuracy_score(iris.target, pre))
        0.9733333333333334
```

▲ 使用scikit-learn读取之前保存的分类器

可以从获得的结果0.97333……看出来，正确地对鸢尾花数据集进行了分类。此处的关键点就在于joblib.load()函数，使用该函数即可读取已经保存好的分类器并将其恢复至原样。

在TensorFlow和Keras中进行模型的保存与读取

接下来确认如何在TensorFlow与Keras中完成操作，与之前相同，使用scikit-learn附带的鸢尾花数据集。

▼ keras_save.py

```
from sklearn import datasets
import keras
from keras.models import Sequential
from keras.layers import Dense, Dropout
from keras.utils.np_utils import to_categorical

# 读取鸢尾花样本数据集
iris = datasets.load_iris()
in_size = 4
nb_classes=3
# 标签数据进行One-Hot向量化
x = iris.data
y = to_categorical(iris.target, nb_classes)

# 定义模型 --- (*1)
model = Sequential()
model.add(Dense(512, activation='relu', input_shape=(in_size,)))
model.add(Dense(512, activation='relu'))
```

253

```
model.add(Dropout(0.2))
model.add(Dense(nb_classes, activation='softmax'))
# 编译 --- (*2)
model.compile(
    loss='categorical_crossentropy',
    optimizer='adam',
    metrics=['accuracy'])
# 进行学习 --- (*3)
model.fit(x, y, batch_size=20, epochs=50)

# 保存模型 --- (*4)
model.save('iris_model.h5')
# 保存模型权重数据 --- (*5)
model.save_weights('iris_weight.h5')
```

以上就是Keras的基本流程，注释（*1）处定义模型，然后在注释（*2）处编译，接着在注释（*3）完成学习。

最后需要分别保存学习模型以及模型权重数据。在注释（*4）处，保存模型需要依靠model.save()方法。注释（*5）处，则使用model.save_weights()方法保存模型权重数据。

下面是在Keras中测试模型与权重数据的读取，相关程序如下所示。

▼ keras_load.py

```
from sklearn import datasets
import keras
from keras.models import load_model
from keras.utils.np_utils import to_categorical

# 读取鸢尾花样本数据集
iris = datasets.load_iris()
in_size = 4
nb_classes=3
# 标签数据进行One-Hot向量化
x = iris.data
y = to_categorical(iris.target, nb_classes)

# 读取模型 --- (*1)
model = load_model('iris_model.h5')
# 读取权重数据 --- (*2)
model.load_weights('iris_weight.h5')

# 模型评估 --- (*3)
score = model.evaluate(x, y, verbose=1)
print("正确率=", score[1])
```

执行程序之后，成功读取了模型与权重数据，并获得了正确的辨识结果。

```
# 读取模型——（*1）
model = load_model('iris_model.h5')
# 读取权重数据——（*2）
model.load_weights('iris_weight.h5')

# 模型评估——（*3）
score = model.evaluate(x, y, verbose=1)
print("正确率=", score[1])

150/150 [==============================] - 0s 252us/step
正确率= 0.9666666388511658
```

▲ 在Keras中测试模型与权重数据的读取

　　下面对以上程序进行梳理。注释（*1）处为读取模型，使用了load_model()函数，该函数读取到的模型是已经完成编译后的状态。读取模型之后，注释（*2）处利用方法load_weights()读取模型权重数据。

　　完成模型与权重数据的读取之后，就可以使用predict()方法对数据进行预测，使用evaluate()方法评估模型。

总　结

→ 保存模型数据之后交由业务系统读取，能够获得良好的效率。

→ 在scikit-learn中依靠joblib进行保存与读取。

→ TensorFlow与Keras中使用模型自带的方法完成操作。

255

6-3

实现新闻自动分类

在前一节中介绍了保存与读取模型的方法，而本节则会在更加复杂一些的示例中运用该方法。具体来说，将会使用TF-IDF以及深度学习，制作自动对用户投稿进行分类的程序。首先用TF-IDF及scikit-learn制作分类程序，然后再把程序改写为运用模型保存与读取的深度学习程序。

相关技术（关键词）	应用场景
● 语素解析（jieba） ● TF-IDF ● 深度学习/MLP	● 需要自动对文本进行分类 ● 管理Web服务

TF-IDF相关

网络上每天都传播着大量的消息，其数量实在过于庞大，因此想要掌握所有的话题是不现实的。如果可以自动对新闻做出分类，就能够很方便地选择感兴趣的类别进行阅读。因此，这次将挑战对大批量新闻报道进行自动分类的方法。将大量新闻及其对应的类别作为学习材料，经过机器学习的训练，最后辨识未知文章所属的分类。

扫码看视频

在第4章中，我们通过程序将文章转换成向量数据，该方法会对文章中每个词的使用频率进行统计。TF-IDF基本上也与之类似，会把文章转换为数值表示的向量，而不同之处在于，在统计词汇使用频率的同时，也会考虑词在整个文件中的重要性。

TF-IDF着重于找出文件内具有特征性的词，采取的方法是在所有学习到的文件中，统计该词的使用频率，然后取该使用频率的"倒数"，因为是倒数，所以越常出现的词其重要性就会越低。

例如，在所有文章中都会大量出现的词"的"或"了"，重要性就很低，而在其他文件中都不曾出现的稀少词，则会作为很重要的内容进行统计。换言之，在进行词的向量化时，不仅仅要统计词出现的次数，同时还会降低高频率词汇的比率，提高特征词汇的比率。

下面是TF-IDF计算每个词的数值时所使用的计算公式。式子中，$tf(t,d)$表示在文件中词的出现频率，$idf(t)$则是指在全部文件中词的出现频率。

$$TF\_IDF(t) = tf(t, d) \times idf(t)$$

另外，计算全部文件中词的出现频率idf(t)时，会使用以下计算公式。df(d,t)是包含词t的文件数，分子D则是文件的总数。

$$idf(t) = log\frac{|D|}{dt(d, t)}$$

公式看起来会有些难以理解，但是简单总结一下，就是文件中词的出现频率乘以词的重要程度（全部文件中词的出现频率取对数）而已。比起单纯只是计算词的出现频率，使用TF-IDF将会提高向量化的精确度。

尝试制作TF-IDF模块

接下来，就开始文本的学习训练。实际运用TF-IDF时，会用到scikit-learn里颇有名气的TfidfVectorizer，但是为了能够处理中文需要做一定的调整。另外，TF-IDF也不算很困难，而且在业务中实际运用TF-IDF处理大量数据时，就必须要考虑搭配数据库一起使用。所以为了能够展示TF-IDF的实例，将会自行编写一个模块。以下内容就是编写的TF-IDF模块。

▼ tfidf.py

```python
# 使用TF-IDF将文本向量化的模块
import jieba
import jieba.posseg
import pickle
import numpy as np

# 全局变量 --- (*1)
word_dic = {'_id': 0} # 词典
dt_dic = {} # 全部文件中词出现的次数
files = [] # 保存全部文件的ID

# 语素分析 --- (*2)
def tokenize(text):
    words = jieba.posseg.cut(text)
    result = []
    for w,token in words:
        if token == 'n' or token == 'v' or token == 'a':
            result.append(w)
    return result

# 将词汇列表转换为ID列表   --- (*3)
def words_to_ids(words, auto_add = True):
```

```python
        result = []
        for w in words:
            if w in word_dic:
                result.append(word_dic[w])
                continue
            elif auto_add:
                id = word_dic[w] = word_dic['_id']
                word_dic['_id'] += 1
                result.append(id)
    return result

# 将文本文件添加到ID列表   --- (*4)
def add_text(text):
    ids = words_to_ids(tokenize(text))
    files.append(ids)
# 将文本文件添加到学习数据中   --- (*5)
def add_file(path):
    with open(path, "r", encoding="utf-8") as f:
        s = f.read()
        add_text(s)

# 计算添加的文件     --- (*6)
def calc_files():
    global dt_dic
    result = []
    doc_count = len(files)
    dt_dic = {}
    # 计算词语的出现频率 --- (*7)
    for words in files:
        used_word = {}
        data = np.zeros(word_dic['_id'])
        for id in words:
            data[id] += 1
            used_word[id] = 1
        # 出现过词语t，则dt_dic自增1 --- (*8)
        for id in used_word:
            if not(id in dt_dic): dt_dic[id] = 0
            dt_dic[id] += 1
        # 将出现次数改为比率 --- (*9)
        data = data / len(words)
        result.append(data)
    # 计算TF-IDF --- (*10)
    for i, doc in enumerate(result):
        for id, v in enumerate(doc):
            idf = np.log(doc_count / dt_dic[id]) + 1
            doc[id] = min([doc[id] * idf, 1.0])
        result[i] = doc
    return result
```

```
# 将词典保存为文件    --- (*11)
def save_dic(fname):
    pickle.dump(
        [word_dic, dt_dic, files],
        open(fname, "wb"))

# 从文件中读取词典    --- (*12)
def load_dic(fname):
    global word_dic, dt_dic, files
    n = pickle.load(open(fname, 'rb'))
word_dic, dt_dic, files = n

# 不更新词典，仅进行向量化转换   --- (*13)
def calc_text(text):
    data = np.zeros(word_dic['_id'])
    words = words_to_ids(tokenize(text), False)
    for w in words:
        data[w] += 1
    data = data / len(words)
    for id, v in enumerate(data):
        idf = np.log(len(files) / dt_dic[id]) + 1
        data[id] = min([data[id] * idf, 1.0])
    return data

# 测试模块 --- (*14)
if __name__ == '__main__':
    add_text('雨')
    add_text('今天下雨了。')
    add_text('今天虽然很热，但是下雨了。')
    add_text('今天也下雨。但是是星期天。')
    print(calc_files())
    print(word_dic)
```

Python中创建模块非常简单，只要在同一个文件内定义函数即是模块。但需要注意的是，在Jupyter Notebook中使用模块时，创建好模块之后，需要重新打开记事本，或者重新启动内核服务。

另外，作为模块导入时，变量__name__为模块的名称，而作为主程序运行时，该变量则会变为__main__。利用该特性，则会让模块的测试变得非常简单。在命令提示符中测试模块，将会显示以下结果。注意，使用的测试文本数据不同，输出的结果也会不同。

```
[
    array([1., 0., 0., 0.]),
    array([0., 1., 0., 0.]),
    array([0.       , 0.64384104, 1.       , 0.       ]),
    array([0.       , 0.64384104, 0.       , 1.       ])
]
{'_id': 4, '雨': 0, '下雨': 1, '热': 2, '是': 3}
```

每个数组均代表一段文本，而数组中的内容，则是各词出现频率乘以重要程度之后所获得的数值。另外，在最后还显示了词典与词ID的列表。词典按照编号顺序依次显示，具体内容为，0表示"雨"、1表示"下雨"、2表示"热"、3表示"是"。

这里特别关注一下第4段文本（执行结果中最后的array(…)），"0：雨"以及"1：下雨"，在其他几段文本中也有使用，因此数值偏低，而"3：是"则是其他文本中未曾使用过的、具有特征性的词，可以看到该数值相对较高。

梳理一下前文的程序。注释（*1）处，初始化全局变量，也是模块中很重要的变量，包括词典word_dic、记录词出现次数的词典dt_dic以及记录全部文件内容的files。

注释（*2）处，进行语素解析，这里为了提高精度而舍弃了名词、动词、形容词以外的内容。注释（*3）处，将词转换为ID。注释（*4）及注释（*5）处，则是文本转换为ID列表并添加至变量files的整合。作为模块时，可使用该方法。

在注释（*6）处的函数calc_files()，则是用于计算TF-IDF的值。按照顺序来看，从注释（*7）处开始，统计词的出现次数，并计算每份文件中词的频率。如此一来，便可以获得文件中各词的稀有程度，经过计算后获得每个词的重要度数值IDF，最后与频率相乘。注释（*8）处，是把全部文件中词出现过的次数更新到变量dt_dic中，在注释（*9）处由出现次数转换为比率，在注释（*10）处与各文件中各词的重要度相乘。

注释（*11）和（*12）处，是关于词典保存与读取的函数。注释（*13）处则定义的是，不更新词典仅转换成TF-IDF向量的函数。最后，注释（*14）的内容是测试模块的代码。

挑战新闻分类

在准备好TF-IDF模块之后，可以着手解决文章的分类问题。为此，需要先准备好大量已经分类好的文章。

在程序所在的路径下新建名为text的文件夹，用于存储从网络上下载的分类语料。

扫码看视频

▲ text文件夹中的语料分类

网络上有很多语料会根据新闻的内容进行分类，此处也根据其分类设置成sports（体育）、environment（环境）、traffic（交通）和education（教育）四种类别。

类别（值）	文件夹名
体育（0）	sports
环境（1）	environment
交通（2）	traffic
教育（3）	education

每种分类下都有至少上百个文本文件，每一份文件中的字数长短不一。使用这些分类语料，可以进行机器学习。

将文章转换为TF-IDF数据集

下面的程序，会计算文件的TF-IDF值并以数据集的形式保存起来，执行程序之后，将在text文件夹下生成名为genre.pkl的数据文件。

▼ makedb_tfid.py

```python
import os, glob, pickle
import tfidf

# 初始化变量
y = []
x = []

# 处理路径下的文件列表 --- (*1)
def read_files(path, label):
    print("read_files=", path)
    files = glob.glob(path + "/*.txt")
    for f in files:
        if os.path.basename(f) == 'LICENSE.txt': continue
        tfidf.add_file(f)
        y.append(label)

# 读取文件列表 --- (*2)
read_files('text/sports', 0)
read_files('text/environment', 1)
read_files('text/traffic', 2)
read_files('text/education', 3)

# TF-IDF向量化 --- (*3)
x = tfidf.calc_files()

# 保存 --- (*4)
```

```
pickle.dump([y, x], open('text/genre.pkl', 'wb'))
tfidf.save_dic('text/genre-tdidf.dic')
print('ok')
```

程序执行之后，可以在Jupyter Notebook中，通过查看x的值来确认具体的内容。

▲ 确认生成的向量

下面详细梳理一下程序的内容。注释（＊1）处，将目录下的文件列表传至TF-IDF模块进行处理，实际上只是在利用glob模块获得文件列表之后，再将路径输入tfidf.add_file()函数而已。但有一点需要注意，如果各个文件夹中包含著作权信息LICENSE.txt，需要将其排除在外。注释（＊2）处，指定需要读取的文件夹。注释（＊3）处，执行文件转换为TF-IDF向量的操作。最后在注释（＊4）处，将数据保存到文件genre.pkl当中。

使用朴素贝叶斯学习TF-IDF数据

至此，已经完成TF-IDF数据集的制作，可以开始朴素贝叶斯的学习训练，相关程序如下所示。

▼ train_db.py

```
import pickle
from sklearn.naive_bayes import GaussianNB
from sklearn.model_selection import train_test_split
import sklearn.metrics as metrics
import numpy as np

# 读取TF-IDF数据集 --- (*1)
data = pickle.load(open("text/genre.pkl", "rb"))
y = data[0] # 标签
x = data[1] # TF-IDF
```

262

```
# 划分成学习与测试两部分 --- (*2)
x_train, x_test, y_train, y_test = train_test_split(
        x, y, test_size=0.2)

# 使用朴素贝叶斯进行学习 --- (*3)
model = GaussianNB()
model.fit(x_train, y_train)

# 评估并输出结果 --- (*4)
y_pred = model.predict(x_test)
acc = metrics.accuracy_score(y_test, y_pred)
rep = metrics.classification_report(y_test, y_pred)

print("正确率=", acc)
print(rep)
```

执行程序之后可以看到，正确率大致在0.93左右浮动，可以说是一个相当不错的成果。

```
正确率= 0.9308755760368663
              precision    recall  f1-score   support

           0       0.98      0.96      0.97        95
           1       0.84      0.84      0.84        31
           2       1.00      0.88      0.94        41
           3       0.86      0.98      0.92        50

    accuracy                           0.93       217
   macro avg       0.92      0.91      0.91       217
weighted avg       0.94      0.93      0.93       217
```

▲ 使用TF-IDF与朴素贝叶斯获得的学习成果

梳理一下该程序。注释（*1）处，读取了之前生成的TF-IDF向量数据集。注释（*2）处，划分为学习与测试两部分。注释（*3）处，使用朴素贝叶斯进行学习训练之后，在注释（*4）处利用测试数据进行评估，并展示正确率与报告结果。

通过深度学习改善精度

顺带一提，如果变更分类器的算法，由朴素贝叶斯改为随机森林的话，精确度还可以稍微再提升一些，看起来调整算法可以带来精度的改善。那么，利用深度学习想必可以再进一步提高精确度。

扫码看视频

从scikit-learn到深度学习

从使用scikit-learn的机器学习转换成TensorFlow+Keras模式并没有多困难，但是有几点需要注意。

263

首先是标签数据需要转换成One-Hot格式，然后还要确认输入与输出向量的大小，并在程序中进行明确的指定，在这两点的基础之上，再自行完成模型的定义，这就是全部的深度学习转换要点。

　　下面的内容是使用了深度学习MLP的程序实例，可以在心里默想着要点的同时进行阅读。另外，建议在执行程序之前先执行%matplotlib inline，避免无法显示图表，不得不重新运行代码的情况。

▼ train_mlp.py

```python
import pickle
from sklearn.model_selection import train_test_split
import sklearn.metrics as metrics
import keras
from keras.models import Sequential
from keras.layers import Dense, Dropout
from tensorflow.keras.optimizers import RMSprop
import matplotlib.pyplot as plt
import numpy as np

# 类别标签的数量 --- (*1)
nb_classes = 4

# 读取数据集 --- (*2)
data = pickle.load(open("text/genre.pkl", "rb"))
y = data[0] # 标签
x = data[1] # TF-IDF
# 将标签数据One-Hot向量化 --- (*3)
y = keras.utils.np_utils.to_categorical(y, nb_classes)
in_size = x[0].shape[0]

# 划分为学习与测试两部分 --- (*4)
x_train, x_test, y_train, y_test = train_test_split(
        np.array(x), np.array(y), test_size=0.2)

# 定义MLP模型 --- (*5)
model = Sequential()
model.add(Dense(512, activation='relu', input_shape=(in_size,)))
model.add(Dropout(0.2))
model.add(Dense(512, activation='relu'))
model.add(Dropout(0.2))
model.add(Dense(nb_classes, activation='softmax'))

# 编译模型 --- (*6)
model.compile(
    loss='categorical_crossentropy',
    optimizer=RMSprop(),
    metrics=['accuracy'])

# 进行学习 --- (*7)
hist = model.fit(x_train, y_train,
```

```
            batch_size=128,
            epochs=20,
            verbose=1,
            validation_data=(x_test, y_test))

# 结果评估 ---(*8)
score = model.evaluate(x_test, y_test, verbose=1)
print("正确率=", score[1], 'loss=', score[0])

# 保存权重 --- (*9)
model.save_weights('./text/genre-model.hdf5')

# 根据学习情况绘制图表 --- (*10)
plt.plot(hist.history['accuracy'])
plt.plot(hist.history['val_accuracy'])
plt.title('Accuracy')
plt.legend(['train', 'test'], loc='upper left')
plt.show()
```

程序执行之后，结果大致在0.98左右浮动，好一点的时候可以获得0.99的精确度，与之前相比，使用深度学习MLP后大幅度提高了精确度。可以说，这是一个能够让人感受到深度学习强大的实例。

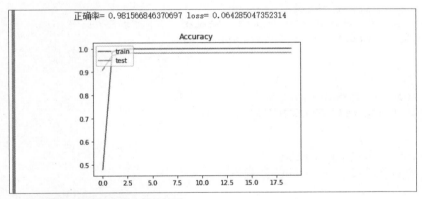

▲ 学习过每种类别的文本之后的结果

梳理一下前文中的程序。注释（*1）处，设置了类别标签的数量，本次是分为体育、环境、交通、教育共4类。在注释（*2）处读取数据集。然后在注释（*3）处变更标签数据格式，从一维列表转换为One-Hot向量。注释（*4）处，把数据分成学习与测试两部分。

在注释（*5）处完成MLP模型的定义，接着在注释（*6）处对其进行编译。至此，学习的准备已经就绪，注释（*7）处执行学习训练。之后在注释（*8）处，使用测试数据进行结果评估，并显示正确率。

最后在注释（*9）处把辛苦获得的权重数据保存成文件，注释（*10）处将学习情况绘制成图表。

265

辨识自己准备的文章

本节到目前为止所获得的成果，可以通过辨识自己准备的文章进行确认。
这里准备了以下3段文本，之前训练的模型是否能够正确进行分类呢？

扫码看视频

（1）本次锦标赛集冒险、竞技于一体，排球联赛也是精彩纷呈。运动员们在决赛中的表现也很棒，有的人还突破了世界纪录。
（2）在开展生态建设工作后，大家意识到了生态环境的重要性。环保局对此也进行了宣传工作，解决了部分污染和垃圾处理问题。
（3）实施科教兴国战略，提高国民素质，以达到培养优秀人才的目的。在孩子心中树立爱国主义思想是非常重要的。

下面的程序是使用之前训练获得的深度学习MLP权重数据，辨识文本类别。

▼ my_text.py

```python
import pickle, tfidf
import numpy as np
import keras
from keras.models import Sequential
from keras.layers import Dense, Dropout
from tensorflow.keras.optimizers import RMSprop
from keras.models import model_from_json

# 设置自定义文本 --- (*1)
text1 = """
本次锦标赛集冒险、竞技于一体，排球联赛也是精彩纷呈。
运动员们在决赛中的表现也很棒，有的人还突破了世界纪录。
"""

text2 = """
在开展生态建设工作后，大家意识到了生态环境的重要性。
环保局对此也进行了宣传工作，解决了部分污染和垃圾处理问题。
"""

text3 = """
实施科教兴国战略，提高国民素质，以达到培养优秀人才的目的。
在孩子心中树立爱国主义思想是非常重要的。
"""

# 读取TF-IDF词典 --- (*2)
tfidf.load_dic("text/genre-tdidf.dic")

# 定义Keras模型并加载权重数据 --- (*3)
nb_classes = 4
dt_count=len(tfidf.dt_dic)
model = Sequential()
model.add(Dense(512, activation='relu', input_shape=(dt_count,)))
```

```
model.add(Dropout(0.2))
model.add(Dense(512, activation='relu'))
model.add(Dropout(0.2))
model.add(Dense(nb_classes, activation='softmax'))
model.compile(
    loss='categorical_crossentropy',
    optimizer=RMSprop(),
    metrics=['accuracy'])
model.load_weights('./text/genre-model.hdf5')

# 获取文本后辨识内容 --- (*4)
def check_genre(text):
    # 定义标签
    LABELS = ["体育", "环境", "交通", "教育"]
    # TF-IDF向量化 -- (*5)
    data = tfidf.calc_text(text)
    # 使用MLP预测结果 --- (*6)
    pre = model.predict(np.array([data]))[0]
    n = pre.argmax()
    print(LABELS[n], "(", pre[n], ")")
    return LABELS[n], float(pre[n]), int(n)

if __name__ == '__main__':
    check_genre(text1)
    check_genre(text2)
    check_genre(text3)
```

程序执行之后，可以看到获得了正确的分类结果"体育""环境"与"教育"。

```
    print(LABELS[n], "(", pre[n], ")")
    return LABELS[n], float(pre[n]), int(n)

if __name__ == '__main__':
    check_genre(text1)
    check_genre(text2)
    check_genre(text3)
```

```
体育（0.99999976）
环境（0.94782716）
教育（0.9999994）
```

▲ 辨识3段文本之后的结果

对前文的程序进行一下梳理。注释（*1）处，准备了3段用于辨识的文本。

注释（*2）处，读取本节程序makedb_tfi d.py中制作的TF-IDF词典数据。注释（*3）处，定义与之前完全相同的Keras模型，并读取训练好的权重数据。

注释（*4）处，对输入文本进行辨识。注释（*5）处，调用tfidf模块的calc_text()函数，可以把文本转换成TF-IDF向量的形式。注释（*6）处，将向量数据传入MLP模型进行预测，并显示结果与正确率。

267

改良提示

　　本节制作的程序my_text.py，在输入一些自己喜欢的文本之后，偶尔会出现无法获得预期结果的情况。其中的原因在于，TF-IDF向量数据中仅包含学习过的词。比如这次制作的模块，向其中输入一些语料分类文件中没有的未知词汇，将会被当作不存在的内容进行处理。因此如果出现了很多没有学习过的词，辨识结果将会有些微妙。所以在实际业务当中，需要花工夫记下这些未知词汇，收集好数据后重新进行学习调整。

总　结

→ 学习过大量新闻报道后，就能够进行新闻的分类处理。

→ 文本数据在向量化之后即可用于TF-IDF。

→ 深度学习在文本分类中也能够大幅度提高结果的精确度。

6-4

制作可由网络访问的文章分类应用程序

前一节中制作了类别辨识工具，如果想要在Web上使用该类别辨识工具，就需要与Web系统组合起来使用。本节将会介绍如何将其与API相结合。

相关技术（关键词）	应用场景
● Web服务器	● 结合Web服务与机器学习
● Web API	
● Ajax	
● Flask	

机器学习结合Web应用的方法

机器学习程序说到底也不过是普通的Python程序，从这点来看，在有需要的时候启动程序进行学习即可。但每次执行学习程序时都重启进程，无疑会导致效率低下，这是由于即使仅加载TensorFlow库也需要消耗不少时间。

那么不如在另外的服务器（进程）中运行机器学习系统，然后从Web应用端查询机器学习服务器，制作这种结构的程序即可解决问题。

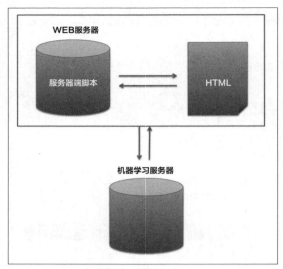

▲ Web应用与机器学习组成的系统

通过Web应用使用分类模型

上面介绍的结构是以Web服务和机器学习两者运行于不同服务器之上为前提的，但其实只要将端口号稍作变更，就可以让两者在同一台机器上运行。

再更进一步说，只要确定不会有大量访问的情况发生，甚至可以把机器学习系统直接添加到Web服务器中。为了让读者在自己的运行环境中也能够顺利运行，这里将会介绍最简单的方法，在Web服务器中直接加载机器学习的系统。

下面就开始编写相关程序，让Web服务与机器学习系统在同一个程序中运行。另外，在开始编写代码之前，先确认一下应用的功能架构图。

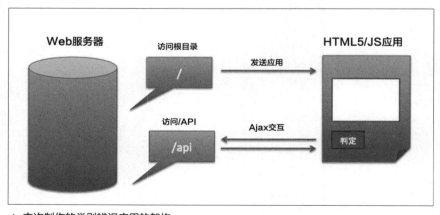

▲ 本次制作的类别辨识应用的架构

如图中所展示的那样，用户在访问Web服务器之后，首先会收到HTML5/JavaScript应用，运行应用之后，用户在文本框中输入文本，单击"辨识"按钮，然后就会显示出辨识结果。

制作拥有机器学习功能的Web服务器

在开始制作由Python编写、包含有类别辨识功能API的Web服务器端程序之前，先要介绍何为API。简单来说，是应用程序编程接口（Application Programming Interface）的略称，为了能够让外部的应用程序便于使用，由Web服务提供的功能。

另外，下文中的Web服务器程序，会使用到前一节中依次制作的词典数据、MLP权重数据以及模块tfidf.py和my_text.py，所以可以将6-3节中的程序复制到6-4节中。

▼ tm_server.py

```python
import json
import flask
from flask import request
import my_text

# 端口号 --- (*1)
TM_PORT_NO = 8085
# 启动HTTP服务
app = flask.Flask(__name__)
print("http://localhost:" + str(TM_PORT_NO))

# 访问根目录时 --- (*2)
@app.route('/', methods=['GET'])
def index():
    with open("index.html", "rb") as f:
        return f.read()

# 访问/api时
@app.route('/api', methods=['GET'])
def api():
    # 获取URL参数 --- (*3)
    q = request.args.get('q', '')
    if q == '':
      return '{"label": "无内容", "per":0}'
    print("q=", q)
    # 辨识文本的类别 --- (*4)
    label, per, no = my_text.check_genre(q)
    # 用JSON输出结果
    return json.dumps({
      "label": label,
      "per": per,
      "genre_no": no
    })
```

```
if __name__ == '__main__':
    # 启动服务
    app.run(debug=False, port=TM_PORT_NO)
```

因为该程序是作为服务器启动的，所以不要在Jupyter Notebook中启动，而是在命令提示符中执行以下命令。（译注：已确认译者使用的Jupyter Notebook6.0.1中可以直接启动该服务端程序，并未产生任何问题）

```
python tm_server.py
```

接着，在Web浏览器的地址栏中输入以下内容即可进行访问。

```
[访问格式]
http://localhost:8085/api?q=(待辨识的文本)
```

例如，可以在地址栏中输入以下内容。

●**http://localhost:8085/api?q=本次锦标赛集冒险、竞技于一体，排球联赛也是精彩纷呈。**

之后，页面上会以JSON的格式显示结果。

▲ 访问API服务器

下面对前文中的程序进行梳理。简单来说，基本上就只是在Web服务器上提供了my_text.py的check_genre()函数而已，是因为使用了Web框架Flask，才能够用最少的代码实现HTTP服务。

注释（*1）处，将8085指定为HTTP服务器启动时所用的端口，如果该端口已经被其他应用所占用，更换一个端口号即可。注释（*2）处的index()函数，指定在访问根目录时返回的内容为index.html。

272

注释（＊3）处的api()函数，会在访问/api时被调用，并使用函数request.args.get()获取URL中的参数。注释（＊4）处，调用模块my_text中的check_genre()函数，并返回JSON格式的结果。

换言之，这个服务器程序是以模块的形式，在利用前一节中制作的机器学习程序。加载模块的时候，TensorFlow与Keras就已经启动完毕，并读取了训练好的权重数据，再访问/api就可以直接进行类别的辨识。

制作调用API的Web应用

完成之前的内容之后，接下来制作Web应用，此处选择使用HTML5/JavaScript。在之前tm_server.py相同的路径中创建index.html。（译注：可以使用Jupyter Notebook新建Text File，将名称改为index.html即可）

扫码看视频

▼ index.html

```
<DOCTYPE html>
<html><meta charset="utf-8"><body>
<h1>辨识文本类别</h1>
<div>
  <textarea id="q" rows="10" cols="60"></textarea>
  <br><button id="qButton">辨识</button>
  <div id="result"></div>
</div>
<script>
const qs = (q) => document.querySelector(q)
window.onload = () => {
  const q = qs('#q')
  const qButton = qs('#qButton')
  const result = qs('#result')
   // 单击"辨识"按键时 --- (*1)
  qButton.onclick = () => {
    result.innerHTML = "..."
     // 构建送至API服务的URL --- (*2)
    const api = "/api?q=" +
      encodeURIComponent(q.value)
     // 访问API --- (*3)
    fetch(api).then((res) => {
      return res.json() // 返回JSON
    }).then((data) => {
       // 在页面中显示结果 --- (*4)
      result.innerHTML =
        data["label"] +
        "<span style='font-size:0.5em'>(" +
        data["per"] + ")</span>"
    })
```

273

```
    }
}
</script>
<style>
#result { padding: 10px; font-size: 2em; color: red; }
#q { background-color: #ffff0; }
</style>
</body></html>
```

在Web浏览器中输入http://localhost:8085/访问服务，随意输入一些可辨识的文本之后，单击"辨识"按钮。因为包含Ajax而使用了fetch的缘故，请选择支持HTML5的浏览器进行访问。

▲ 运行文章类别辨识应用

▲ 尝试输入各种文本

▲ 无论内容长短如何都会辨识出相应的类别

　　太短的文章，有时候也会无法辨识出正确的类别，但大体上来说是可以获得正确的分类结果的。

　　简单梳理一下之前的程序。在按下按钮的同时，写进文本框中的内容，将会被传递给API服务，然后通过JSON得到结果，并将其展示在HTML中。

　　注释（*1）处，指定了单击"辨识"按钮时所进行的操作。注释（*2）处，构建发送给API服务器的URL。注释（*3）处，则是利用fetch访问服务。获得结果之后，在注释（*4）处作为HTML显示出来。

改良提示

　　本节中为了程序的简易性，而将Web服务与机器学习系统置入同一个程序中。但实际业务系统中，还是将Web服务和机器学习的响应API分离开更好，这在程序上来说也并非很困难的事情。

　　另外，本节介绍的方法是读取已完成训练的数据，实际业务中则会从每天都在更新的业务数据库中，定期读取最新的数据更新现有数据，具体可以参考本节最后专栏部分的内容。

总　结

➡ 保存训练好的模型之后再让业务系统读取，使用的效率更高。

➡ 使用Flask制作出的Web服务，其中可以包含Python编写的机器学习系统。

➡ 将机器学习系统与Web应用程序相结合并不困难。

➡ 将机器学习系统的输入输出作为Web API使用会非常方便。

Web服务中学习数据的定期维护

现在很多运营中的Web服务实例，已经在运用包含机器学习的系统。例如，在网络二手交易平台"Mercari（煤炉）"中，展示商品时的价格估算、商品标签、分类推荐时就运用了机器学习。再比如，食谱分享社区网"Cookpad菜板"中，食谱的分类、从手机照片库中仅挑选出菜肴照片的功能等，都运用到了机器学习系统。

可以看到，已有众多Web服务导入了机器学习系统，然而运用过程中最困难的部分是"完成过一次也不算结束"这一点。这是由于每天都会有新的信息出现，导致分类精确度下降，流行语或新产品的出现，也会让正确答案一直在变化。所以，需要定期更新学习数据，并重新进行学习训练。

可以看到下方的图示中，Web服务获得了大量投稿，并保存在服务器中。根据数据库中积蓄的数据搭建机器学习系统，也因此用户在Web服务上投稿时，可以获得机器学习系统的支持，当然就会有更多的用户投稿积蓄在服务器中。将这些数据运用到机器学习上，将会进一步提高对用户投稿时的支援精确度。

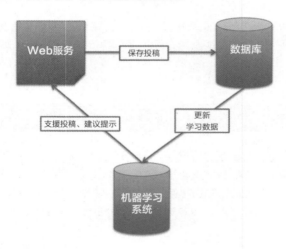

▲ 机器学习系统

大多数的Web服务都是自动进行该流程，再构建新的服务时，也最好避开人工操作，尽可能自动完成整套流程。但是，也可能因为某些情况，造成辨识精确度突然下降，所以还需要附带一些能够避开自动化陷阱的功能，比如在精确度降低时发送通知等。

6-5

使用数据库（RDBMS）进行机器学习

在实际业务中导入机器学习时，大部分情况下是把已存在的数据库（一般为RDBMS）作为数据来源。因此，本节将建立身高体重数据库，使用该数据库构建机器学习系统，并制作健康诊断系统。

相关技术（关键词）
- 数据库
- SQLite
- TensorFlow/Keras

应用场景
- 使用数据库定期进行机器学习

学习数据库中数据的方法

到目前为止的章节中，大多数机器学习程序所使用的数据均为CSV等文本数据，并没有使用过数据库（RDBMS）。但是在实际业务中产生的大量数据，基本上都会选择存放在数据库中。

因此，在业务中应用机器学习时，通常会像下图方框中的内容一样，机器学习从业务DB中直接获取数据，然后利用该数据进行学习训练，并将训练结果保存为文件。

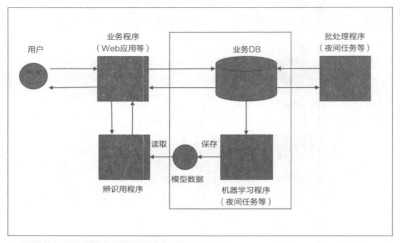

▲ 机器学习使用业务DB数据时的结构

　　所以在本节中，首先会介绍如何从业务DB中获取数据的方法，然后搭建身高体重数据库，使用该数据库建立机器学习系统，最终制作出健康诊断系统。

输出CSV交给机器学习系统

　　本书使用的大部分数据，都是仅用逗号与换行符进行内容划分的CSV格式数据，该格式可以轻易进行整理，并交给机器学习系统使用。而且，大部分的数据库或是Excel等表格数据整理工具，都能够将数据保存为CSV格式。

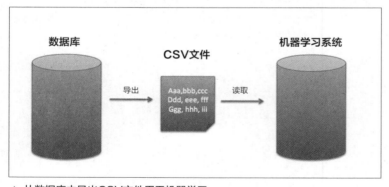

▲ 从数据库中导出CSV文件用于机器学习

　　对于这种数据使用方式，本书已在第2章中进行过相关介绍，使用Pandas等相关库读取CSV文件，就能够将其用于机器学习系统。

有一点需要特别注意，当CSV文件从数据库中导出以及被读取时，要小心双引号和换行符可能会转义失败，从而导致数据损毁，大致上经由CSV转移数据时引发的错误都是来源于此。因此，在输入与输出时，需要仔细确认CSV的特殊字符是否有得到正确处理。另外，由于Excel导出CSV时默认的文字编码为Shift_JIS，使用前需要多加确认编码是否合适。

简单总结，从数据库中导出CSV之后交给机器学习系统使用，该方法的优点在于操作比较简便，但同时也要小心不要在读写CSV时造成数据损毁。

机器学习直接调用数据库

Python支持各类知名数据库的读写操作。不仅有丰富的库可以使用，还可以简单轻松地添加模块，这正是Python的一大优势。因此，机器学习系统完全可以直接从数据库中获取到数据。本节将会根据实际的用例来介绍该方法。

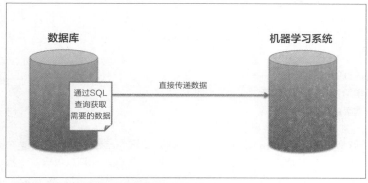

▲ 机器学习直接从数据库中获取数据进行学习

尝试建立身高体重数据库

本次的目标是，以医院健康诊断数据为基础，利用机器学习生成诊断结果的系统。使用每日都会新增的身高体重数据，构建机器学习模型用于生成新的诊断结果。

扫码看视频

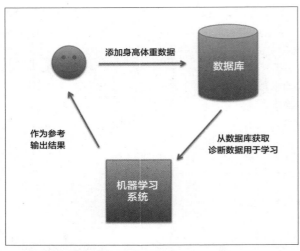

▲ 运用身高体重数据库的诊断系统示意图

因此，将会制作以下程序：

● **向数据库中添加新身高体重数据的程序**
● **使用数据库的数据进行机器学习系统训练的程序**
● **输入身高体重之后显示诊断结果的程序**

数据库选择SQLite，属于非常容易上手使用的数据库（RDBMS），因为已经内置于Python之中，所以不需要额外安装其他模块，也不用设定数据库或服务器的配置，并且SQLite可以依靠SQL语句对数据库进行操作。

通过SQLite建立身高体重数据库

本次制作的数据库中，会包含身高、体重以及体型3项字段。

列	字段说明	DB字段名
0	顾客ID（自动添加）	id
1	身高（cm）	height
2	体重（kg）	weight
3	体型（数值范围0-5）	typeNo

体型根据日本肥胖学会的判断标准，划分为以下6种类型。为了便于管理，会使用表格中的数值来表示对应的体型。

值	体型
0	体重过轻（瘦弱型）
1	体重正常
2	肥胖（I级别）
3	肥胖（II级别）
4	肥胖（III级别）
5	肥胖（IV级别）

接下来正式开始制作该数据库，其中将会包含一个名为person的表格。

▼ init_db.py

```
import sqlite3

dbpath = "./hw.sqlite3"
sql = '''
  CREATE TABLE IF NOT EXISTS person (
      id INTEGER PRIMARY KEY,
      height NUMBER,
      weight NUMBER,
      typeNo INTEGER
  )
'''
with sqlite3.connect(dbpath) as conn:
    conn.execute(sql)
```

执行程序之后，会生成一个名为hw.sqlite3的数据库文件。RDBMS可以使用SQL对数据库进行操作，CREATE TABLE用于新建表。

使用Python函数sqlite3.connect()连接数据库，并调用execute()方法执行SQL语句。

向数据库中增加新的身高体重数据

下面新增100组身高、体重、体型数据。执行以下程序后，将会向数据库中插入100项由身高、体重、体型组成的数据。

▼ insert_db.py

```
import sqlite3
import random

dbpath = "./hw.sqlite3"

def insert_db(conn):
    # 创建虚拟的身高、体重以及体型 --- (*1)
```

```
    height = random.randint(130, 180)
    weight = random.randint(30, 100)
    # 体型数据则基于BMI自动生成 --- (*2)
    type_no = 1
    bmi = weight / (height / 100) ** 2
    if bmi < 18.5:
        type_no = 0
    elif bmi < 25:
        type_no = 1
    elif bmi < 30:
        type_no = 2
    elif bmi < 35:
        type_no = 3
    elif bmi < 40:
        type_no = 4
    else:
        type_no = 5
    # 设置SQL以及数值后插入DB --- (*3)
    sql = '''
      INSERT INTO person (height, weight, typeNo)
      VALUES (?,?,?)
    '''
    values = (height,weight, type_no)
    print(values)
    conn.executemany(sql,[values])

# 连接DB并插入100条数据
with sqlite3.connect(dbpath) as conn:
    # 插入100条数据 --- (*4)
    for i in range(100):
        insert_db(conn)
    # 查询插入数据的总条数 --- (*5)
    c = conn.execute('SELECT count(*) FROM person')
    cnt = c.fetchone()
    print(cnt[0])
```

执行程序之后，生成100条INSERT的SQL语句，向数据库中新增100条数据。

```
# 连接DB并插入100条数据
with sqlite3.connect(dbpath) as conn:
    # 插入100条数据——（*4）
    for i in range(100):
        insert_db(conn)
    # 查询插入数据的总条数——（*5）
    c = conn.execute("SELECT count(*) FROM person")
    cnt = c.fetchone()
    print(cnt[0])
```

```
(144, 85, 5)
(161, 35, 0)
(163, 70, 2)
(159, 34, 0)
(179, 88, 2)
(146, 36, 0)
(157, 38, 0)
(167, 67, 1)
(159, 76, 3)
(130, 74, 5)
(152, 96, 5)
(169, 70, 1)
(172, 79, 2)
(143, 67, 3)
(169, 73, 2)
(166, 40, 0)
(146, 99, 5)
(130, 48, 2)
(148, 91, 5)
```

▲ 插入100组身高、体重、体型数据

仔细梳理一下前文中的程序。注释（*1）处，随机生成身高与体重。注释（*2）处，以身高体重为基础计算出体型数据。此处使用了肥胖检测中常用的BMI公式来生成体型数据，而BMI值在22附近则代表是标准体型，具体公式如下所示。

$$\text{bmi} = \frac{\text{体重 (kg)}}{(\text{身高 (cm)} \div 100)^2}$$

bmi值的判断标准是，18.5以内为"0：体重过轻（瘦弱型）"，25以内为"1：体重正常"，30以内为"2：肥胖（I级别）"，35以内为"3：肥胖（II级别）"，40以内为"肥胖（III级别）"，在这之上的则为"肥胖（IV级别）"。

注释（*3）处，执行INSERT语句，将生成的身高、体重、体型数据插入数据库中。

注释（*4）处，循环100次生成数据并插入数据库的操作。注释（*5）处，展示数据库中的总行数。

为了确认是否已经完成数据的添加，尝试浏览数据库表中的数据，执行以下程序即可确认。

▼ select_db.py

```
import sqlite3

dbpath = "./hw.sqlite3"
select_sql = "SELECT * FROM person"

with sqlite3.connect(dbpath) as conn:
```

```
for row in conn.execute(select_sql):
    print(row)
```

执行程序之后，可以看到100条身高体重数据确实已经插入表中。

```
select_sql = "SELECT * FROM person"

with sqlite3.connect(dbpath) as conn:
    for row in conn.execute(select_sql):
        print(row)

(1, 144, 85, 5)
(2, 161, 35, 0)
(3, 163, 70, 2)
(4, 159, 34, 0)
(5, 179, 88, 2)
(6, 146, 36, 0)
(7, 157, 38, 0)
(8, 167, 67, 1)
(9, 159, 76, 3)
(10, 130, 74, 5)
(11, 152, 96, 5)
(12, 169, 70, 1)
(13, 172, 79, 2)
(14, 143, 67, 3)
(15, 169, 73, 2)
(16, 166, 40, 0)
(17, 146, 99, 5)
(18, 130, 48, 2)
(19, 148, 91, 5)
```

▲ 100条身高体重数据已添加

尝试学习身高、体重、体型数据

在开始学习身高、体重、体型数据之前，先构建深度学习模型，编译之后保存至
文件。

扫码看视频

▼ make_model.py

```
import keras
from keras.models import Sequential
from keras.layers import Dense, Dropout
from tensorflow keras.optimizers import RMSprop

in_size = 2 # 身高与体重共二维
nb_classes = 6 # 体型分为6种

# 定义MLP模型
model = Sequential()
model.add(Dense(512, activation='relu', input_shape=(in_size,)))
model.add(Dropout(0.5))
model.add(Dense(nb_classes, activation='softmax'))

# 编译模型
model.compile(
    loss='categorical_crossentropy',
```

```
        optimizer=RMSprop(),
        metrics=['accuracy'])

model.save('hw_model.h5')
print("saved")
```

　　执行程序之后，将生成模型文件hw_model.h5，然后使用模型学习身高体重数据，该模型是非常简单的MLP模型。

　　以下程序会从数据库中取出最新的100条数据进行学习训练。

▼ mlearn.py

```
import keras
from keras.models import load_model
from keras.utils.np_utils import to_categorical
import numpy as np
import sqlite3
import os

# 从数据库中获取最新的100条数据 --- (*1)
dbpath = "./hw.sqlite3"
select_sql = "SELECT * FROM person ORDER BY id DESC LIMIT 100"
# 以读取的数据为基础，添加至标签（y）与数据（x）的列表 --- (*2)
x = []
y = []
with sqlite3.connect(dbpath) as conn:
    for row in conn.execute(select_sql):
        id, height, weight, type_no = row
        # 数据标准化（0-1之间） --- (*3)
        height = height / 200
        weight = weight / 150
        y.append(type_no)
        x.append(np.array([height, weight]))

# 读取模型 --- (*4)
model = load_model('hw_model.h5')

# 如果存在训练过的数据则加载其内容 --- (*5)
if os.path.exists('hw_weights.h5'):
    model.load_weights('hw_weights.h5')

nb_classes = 6 # 体型分为6种
y = to_categorical(y, nb_classes) # 转换为One-Hot向量

# 学习训练 --- (*6)
model.fit(np.array(x), y,
    batch_size=50,
    epochs=100)
```

```
# 保存结果 --- (*7)
model.save_weights('hw_weights.h5')
```

执行程序之后，将会生成训练后的权重数据文件hw_weights.h5。

梳理一下前文中的程序。注释（*1）处，创建SELECT语句，用于从SQLite数据库中取出最新的100项数据。注释（*2）处，是实际从数据库中获取数据的操作，execute()函数执行语句之后，将结果传入for循环之中，按照数据库中的顺序依次取出数据。

注释（*3）处，在设置学习数据之前，为了将身高与体重数据收缩至0到1的范围之间，除以合适的数值进行标准化之后再存入列表。注释（*4）处，读取模型。注释（*5）处，如果存在训练过的权重数据则读取。注释（*6）处，进行学习训练。注释（*7）处，将学习结果保存到文件中。

Keras的fit()方法可以再次学习新数据

Keras的model.fit()方法不仅可以训练新模型，如果存在已经训练过的数据，再次调用model.fit()方法时，会在以前的训练成果之上学习新的数据，并不会重置清空已有的学习成果，而是为了新数据对旧数据进行修正。

确认精度

为了确认学习的成果如何，可以执行以下程序，该程序将会根据输入的任意身高体重数据生成对应结果。在读取学习模型及训练后的权重数据之后，可以对任意的数值进行测试。

▼ my_checker.py

```
from keras.models import load_model
import numpy as np

# 读取学习模型 --- (*1)
model = load_model('hw_model.h5')
# 读取训练后的数据 --- (*2)
model.load_weights('hw_weights.h5')
# 标签
LABELS = [
    '体重过轻（瘦弱型）', '体重正常', '肥胖（I级别）',
    '肥胖（II级别）', '肥胖（III级别）', '肥胖（IV级别）'
]

# 设置测试数据 --- (*3)
height = 160
weight = 50
# 数据标准化调整至0-1之间 --- (*4)
test_x = [height / 200, weight / 150]
```

```
# 预测 --- (*5)
pre = model.predict(np.array([test_x]))
idx = pre[0].argmax()
print(LABELS[idx], '/可能性', pre[0][idx])
```

　　执行程序之后，正常应该是把身高160cm、体重50kg判断为标准体重，但是非常遗憾，结果是错误的"体重过轻（瘦弱型）"。考虑到用于学习的数据仅仅只有100项，会出现这样的结果也并不奇怪。

```
# 设置测试数据 —— (*3)
height = 160
weight = 50
# 数据标准化调整至01之间 —— (*4)
test_x = [height / 200, weight / 150]
# 预测 —— (*5)
pre = model.predict(np.array([test_x]))
idx = pre[0].argmax()
print(LABELS[idx], '/可能性', pre[0][idx])

体重过轻(瘦弱型) /可能性 0.39720383
```

▲ 因为仅使用了100项学习数据，非常遗憾导致结果是错误的

　　继续重复执行程序insert_db.py与mlearn.py，反复向数据库中插入数据之后再重新学习，直到完成大约5000条数据的学习。

　　如果觉得这种操作过于麻烦，可以一次直接生成5000条数据，一次性存入数据库之后完成全部数据的学习。当然学习的数据越多，精确度就会越高。（译注：稍微修改上述两个程序中控制数量的部分即可）

　　学习过大量数据之后，再次执行my_checker.py，就可以获得正确的结果。

```
# 设置测试数据——(*3)
height = 160
weight = 50
# 数据标准化调整至至0-1之间——(*4)
test_x = [height / 200, weight / 150]
# 预测——(*5)
pre = model.predict(np.array([test_x]))
idx = pre[0].argmax()
print(LABELS[idx], '/可能性', pre[0][idx])

体重正常 /可能性 0.982024
```

▲ 经过5000条数据的训练之后，再次执行并获得正确的结果

　　梳理一下前文的程序。注释（*1）处读取训练好的模型，注释（*2）处读取训练后的权重数据，注释（*3）处设置测试用的数据。

　　在程序注释（*4）处进行标准化，将数据缩小至0到1的范围之间。注释（*5）处，调用predict()方法，根据测试数据预测诊断结果，并将其显示出来。

确认分类精度

　　在完成1万条数据的学习之后，基于BMI公式生成测试数据，进行分类精度的测试，确认学习成果是否能够达到预期。

▼ check_test.py

```python
from keras.models import load_model
import numpy as np
import random
from keras.utils.np_utils import to_categorical

# 读取学习模型 --- (*1)
model = load_model('hw_model.h5')
# 读取训练后的数据 --- (*2)
model.load_weights('hw_weights.h5')

# 生成1000条正确的数据 --- (*3)
x = []
y = []
for i in range(1000):
    h = random.randint(130, 180)
    w = random.randint(30, 100)
    bmi = w / ((h / 100) ** 2)
    type_no = 1
    if bmi < 18.5:
        type_no = 0
    elif bmi < 25:
        type_no = 1
    elif bmi < 30:
        type_no = 2
    elif bmi < 35:
        type_no = 3
    elif bmi < 40:
        type_no = 4
    else:
        type_no = 5
    x.append(np.array([h / 200, w / 150]))
    y.append(type_no)

# 格式变换 --- (*4)
x = np.array(x)
y = to_categorical(y, 6)
# 调查正确率 --- (*5)
score = model.evaluate(x, y, verbose=1)
print("正确率=", score[1], "损失=", score[0])
```

执行程序之后将会显示以下结果，1万条数据的分类精确度在0.971（97%）左右，是相当不错的结果。另外，数据达到3万条的时候，精确度会达到0.975（98%）以上。

```
# 调查正确率—— (*5)
score = model.evaluate(x, y, verbose=1)
print("正确率=", score[1], "损失=", score[0])

32/32 [==============================] - 0s 966us/step - loss: 0.1087 - accuracy: 0.9710
正确率= 0.9710000157356262 损失= 0.10871093720197678
```

▲ 学习过1万条数据后的分类精度

　　虽然与之前的程序相差无几，还是进行一下梳理。注释（*1）和（*2）处，读取模型与训练好的权重数据。注释（*3）处，生成1000条正确的数据。注释（*4）处，将其转换为Keras所需的格式，注释（*5）处，使用evaluate()方法获得正确率。

改良提示：关于日常数据更新

　　本节中的程序会固定从数据库中取出最新的100条数据进行再学习。在实际中，可以将上次最后一条学习数据的ID记录下来，下次更新数据后，只要把记录ID之后的数据取出来学习即可。

应用提示

　　本节完成的程序，是以BMI公式为基础进行肥胖度判定，并使用存储在数据库中的数值进行训练，最终完成健康的诊断。如果能够在每日积蓄业务数据的环境之中搭建起机器学习系统，判断精确度也能够不断获得提升。

总　结

→ 可以定期从数据库中获取数据，交给机器学习进行分类器的训练。

→ 无论是CSV形式的文件，还是直接从RDBMS数据库中直接获取的数据，只要是正确的数据就能够使用。

→ 如果可以定期向学习器中添加新的数据，随着数据不断增加，判断精确度也会随之提升。

第1章
第2章
第3章
第4章
第5章
第6章

6-6

制作通过食物照片
计算卡路里的程序

本节将会利用图像分析技术，制作可以根据食物照片计算卡路里的程序。因此，本节需要从网络上获取大量的食物照片，经过学习训练后对食物进行辨识。

相关技术（关键词）	应用场景
●食物图像的辨识 ●图像的数据增强技术	●需要图像分析时 ●收集图像数据集时 ●图像识别

食物照片的辨识和收集

本节制作的程序将会根据食物的照片判断其卡路里含量，具体判断方法如下所示：

● **辨识照片中拍摄的是什么食物。**
● **根据识别出的食物展示卡路里。**

由于篇幅限制，本节不可能覆盖所有种类的食物。因此，这里选择寿司、沙拉和麻婆豆腐三种食物制作学习程序并识别其照片，最后判断对应食物的卡路里含量。

图片收集网站

从种类上来看，本次制作的程序只需要辨识三种食物，但是依然需要搜集大量的食物照片作为本次程序的学习资料。每种食物至少有100张照片，三种食物就是300张照片。充分使用网络资源的话，可以轻松收集各种图片数据。网络上有不少免费的图像分享网站，甚至还有一些网站提供用于检索照片的API。下面介绍一些可以获取图片素材的网站。

▲ 分享壁纸图片的网站（https://wall.alphacoders.com）

　　这个网站上有很多质量比较高的图片，可以在网站的右上角将默认的英文改成中文。在搜索框中输入图片的关键字，即可进行食物照片的检索。

▲ 沙拉图片

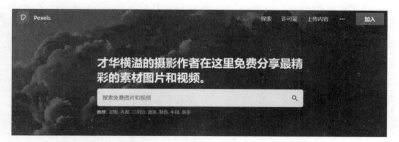

▲ Pexels网站（https://www.pexels.com/）

　　Pexels网站提供免费高清的图片，经常更新。网站中有很多分类，通过关键词对照片进行搜索，就能找到你想要的照片。

▲ 使用关键词搜索图片

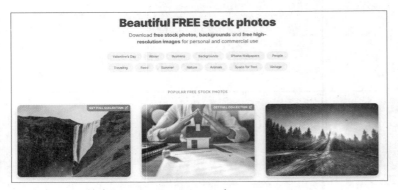

▲ picjumbo网站（https://picjumbo.com）

　　picjumbo是一个分享高清免费图片的网站，不需要注册即可进行图片的下载，可以选择不同的分类对图片进行筛选。

　　在程序文件所在的路径下新建一个名为image的文件夹，并在其中再次新建名为salad、sushi、tofu的子文件夹，用于存储沙拉、寿司、麻婆豆腐这三种食物图片。

　　图片收集完成之后，需要确认下载的这几百张图片是否掺杂了很多毫无关联的图像，如果有的话，需要将其删除，保证每种食物图片的精确度。图片清洁步骤很重要，如果省去这一步，辨识精确度将无法提高。

尝试制作图片训练程序

经过严格筛选之后，每种类别各保留100张，筛选时尽量保留拍摄对象较大、不包含无关物体以及色彩鲜明的图片。如果是黑白两色或颜色过深等，与原本正常颜色差距过大的图像则需要删除。下面开始制作训练程序。

扫码看视频

将图片整理为NumPy格式

为了将存放食物照片的各目录作为数据集使用，需要把其中的数据转换为NumPy格式并保存成文件。因为获取到的食物照片为彩色图像，RGB的各数值均为整数，经过调整变为0到1之间的实数，才便于机器学习使用。

下面，通过程序读取image目录下三种类别的食物图片并转换成NumPy格式。

▼ read_image.py

```python
# 读取图像文件并转为Numpy格式
import numpy as np
from PIL import Image
import os, glob, random

outfile = "image/photos.npz" # 保存文件名
max_photo = 100 # 使用的照片数量
photo_size = 32 # 图像大小
x = [] # 图像数据
y = [] # 标签数据

def main():
    # 读取各图像文件夹 --- (*1)
    glob_files("./image/sushi", 0)
    glob_files("./image/salad", 1)
    glob_files("./image/tofu", 2)
    # 保存为文件 --- (*2)
    np.savez(outfile, x=x, y=y)
print("已保存至:" + outfile, len(x))

# 读取path路径下的图像 --- (*3)
def glob_files(path, label):
    files = glob.glob(path + "/*.jpg")
    random.shuffle(files)
    # 处理各文件
    num = 0
    for f in files:
        if num >= max_photo: break
        num += 1
        # 读取图像文件
```

```
        img = Image.open(f)
        img = img.convert("RGB")  # 颜色空间转为RGB
        img = img.resize((photo_size, photo_size))  # 调整尺寸
        img = np.asarray(img)
        x.append(img)
        y.append(label)

if __name__ == '__main__':
    main()
```

在Jupyter Notebook中运行程序后，会在image目录下生成NumPy格式的文件photos.npz。下面简单梳理一下程序。

注释（*1）处，指定目录与标签编号之后，向列表中添加数据。此处的标签编号具体对应如下所示。

标签	食物
0	寿司
1	沙拉
2	麻婆豆腐

注释（*2）处，以NumPy的格式将数据保存至文件中。注释（*3）处，读取目录中的jpg图片文件，并添加到列表中进行各种处理操作。此处利用PIL模块读取图像，将图片大小调整至32像素。

如果想验证保存完毕的图像是否正确地保存成NumPy格式，可以在Jupyter Notebook中执行以下程序，将图像展示出来进行确认。

▼ read_image.py

```
import matplotlib.pyplot as plt
# 读取照片数据
photos = np.load('image/photos.npz')
x = photos['x']
y = photos['y']
# 起始索引 --- (*1)
idx = 0
# 输出pyplot
plt.figure(figsize = (10, 10))
for i in range(25):
    plt.subplot(5, 5, i+1)
    plt.title(y[i + idx])
    plt.imshow(x[i + idx])
plt.show()
```

执行程序之后，输出结果如下所示。

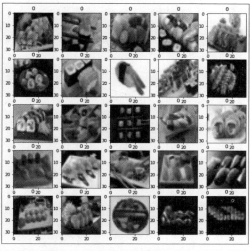

▲ 从保存的NumPy数据中读取的部分寿司图片数据

　　在上面的程序中，如果将注释（*1）处的索引值替换成1或2，则会输出沙拉或麻婆豆腐的图像。如果得到的结果与以上图像并不相似，那么就需要从数据清洗的步骤重新开始。

尝试使用CNN进行学习

　　下面开始学习准备好的图像数据。为了可以获取良好的结果，直接使用CNN模型。在cnn_model.py程序，主要对本次将会使用的模型进行定义和编译，并不需要运行。它将会作为模块导入到其他程序中进行使用。

▼ cnn_model.py

```python
import keras
from keras.models import Sequential
from keras.layers import Dense, Dropout, Flatten
from keras.layers import Conv2D, MaxPooling2D
from tensorflow.keras.optimizers import RMSprop

# 定义CNN模型
def def_model(in_shape, nb_classes):
    model = Sequential()
    model.add(Conv2D(32,
                kernel_size=(3, 3),
                activation='relu',
                input_shape=in_shape))
    model.add(Conv2D(32, (3, 3), activation='relu'))
    model.add(MaxPooling2D(pool_size=(2, 2)))
    model.add(Dropout(0.25))
```

```
  model.add(Conv2D(64, (3, 3), activation='relu'))
    model.add(Conv2D(64, (3, 3), activation='relu'))
    model.add(MaxPooling2D(pool_size=(2, 2)))
    model.add(Dropout(0.25))

    model.add(Flatten())
    model.add(Dense(512, activation='relu'))
    model.add(Dropout(0.5))
    model.add(Dense(nb_classes, activation='softmax'))
    return model

# 返回编译完成的CNN模型
def get_model(in_shape, nb_classes):
    model = def_model(in_shape, nb_classes)
    model.compile(
        loss='categorical_crossentropy',
        optimizer=RMSprop(),
        metrics=['accuracy'])
    return model
```

　　创建并保存好模型程序之后，通过下面的程序进行训练。使用import cnn_model语句就可以导入并使用上面创建的模型文件。

▼ cnn.py

```
import cnn_model
import keras
import matplotlib.pyplot as plt
import numpy as np
from sklearn.model_selection import train_test_split

# 设置输入与输出 --- (*1)
im_rows = 32 # 图像纵向像素数
im_cols = 32 # 图像横向像素数
im_color = 3 # 图像的颜色空间
in_shape = (im_rows, im_cols, im_color)
nb_classes = 3

# 读取照片数据 --- (*2)
photos = np.load('image/photos.npz')
x = photos['x']
y = photos['y']

# 将读取的数据转换为三维数组 --- (*3)
x = x.reshape(-1, im_rows, im_cols, im_color)
x = x.astype('float32') / 255
# 将标签数据One-Hot向量化 --- (*4)
```

```
y = keras.utils.np_utils.to_categorical(y.astype('int32'), nb_
classes)

# 划分为学习和测试两部分 --- (*5)
x_train, x_test, y_train, y_test = train_test_split(
    x, y, train_size=0.8)
# 获取CNN模型 --- (*6)
model = cnn_model.get_model(in_shape, nb_classes)
# 进行学习 --- (*7)
hist = model.fit(x_train, y_train,
            batch_size=32,
            epochs=20,
            verbose=1,
            validation_data=(x_test, y_test))

# 评估模型 --- (*8)
score = model.evaluate(x_test, y_test, verbose=1)
print('正确率=', score[1], 'loss=', score[0])

# 将学习情况绘制成图表 --- (*9)
# 绘制正确率变化的折线图
plt.plot(hist.history['accuracy'])
plt.plot(hist.history['val_accuracy'])
plt.title('Accuracy')
plt.legend(['train', 'test'], loc='upper left')
plt.show()

# 绘制损失变化折现图
plt.plot(hist.history['loss'])
plt.plot(hist.history['val_loss'])
plt.title('Loss')
plt.legend(['train', 'test'], loc='upper left')
plt.show()

model.save_weights('./image/photos-model-light.hdf5')
```

　　在执行程序之前，需要单击Jupyter Notebook中的Kernel→Restar，重启一次内核。另外建议在程序执行之前，先执行%matplotlib inline，避免无法显示图表，不得不重新运行代码的情况。

　　执行程序之后，会在image目录下生成模型训练文件photos-model-light.hdf5。训练之后的显示结果如下所示。

297

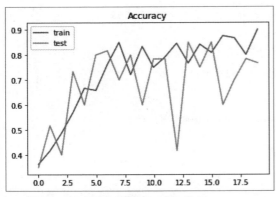

▲ 使用CNN进行学习训练的正确率折线图

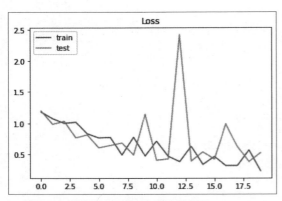

▲ 使用CNN进行学习训练的损失率折线图

得到的正确率和损失率结果如下所示。

正确率= 0.7666666507720947 loss= 0.5200063586235046

此处得到的结果会根据之前清洗数据的程度有所变化。如果得到的正确率非常低，则需要重新开始数据清洗。学习精确度上出现的较大差距，大部分情况都是由数据的质量导致的。虽然之前已经介绍过CNN程序，详细内容可参考第5章，但在这里还是对程序进行一下简单的梳理。

注释（*1）处，用于指定输入与输出。注释（*2）处，用于读取照片数据。注释（*3）处，将数据变为三维数组，并进行0到1之间的标准化处理。注释（*4）处，标签（0到2）的数值进行One-Hot向量化处理。注释（*5）处，将图像划分为学习与测试两部分。注释（*6）处，用于获取CNN模型。注释（*7）处，开始进行学习训练。注释（*8）处，用于对模型进行评估。注释（*9）处，将学习情况绘制成图表。

尝试对数据进行增强

通过上面的程序得到的正确率约为0.77，并不算多好的结果，还需要再进一步提升。这里选择一种常见的技巧对数据进行增强，也就是将照片进行旋转与翻转。虽然通过人类的眼睛看来这并没有什么不同，但是对于计算机来说，旋转之后的照片会被认为是完全不同的另外一张照片，从而通过旋转图片来达到增强数据的目的。

旋转图片时可以利用OpenCV进行操作。下面的程序就是为了能够仔细观察程序的具体操作，而将寿司旋转180度的图像展示出来。（译注：如果该代码没有与其他加载了numpy的程序处于相同ipynp，则需要在最开始添加import numpy as np）

```python
import matplotlib.pyplot as plt
import cv2 # 利用OpenCV

# 读取照片数据
photos = np.load('image/photos.npz')
x = photos['x']
img = x[11] # 选择一张容易辨认的照片

plt.figure(figsize = (10, 10))
for i in range(36):
    plt.subplot(6, 6, i+1)
    # 进行旋转
    center = (16, 16) # 旋转的中心点
    angle = i * 5 # 改变角度
    scale = 1.0 # 放大倍数
    mtx = cv2.getRotationMatrix2D(center, angle, scale)
    img2 = cv2.warpAffine(img, mtx, (32, 32))
    # 显示旋转后的图像
    plt.imshow(img2)
plt.show()
```

执行程序之后，将会显示以下内容。像这样生成的大量图像，将会作为学习资料交给机器学习程序。

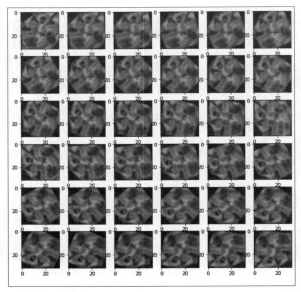

▲ 展示随着角度变化的寿司

数据增强的同时进行学习训练

在增强数据之后，就可以将数据交给程序进行学习训练。下面的程序是使用增强之后的数据进行CNN学习训练的程序，该程序的大部分内容都与cnn.py相同，这里会省略部分相同的地方。

▼ cnn2.py

```python
import cnn_model
import keras
import matplotlib.pyplot as plt
import numpy as np
from sklearn.model_selection import train_test_split
import cv2

···省略···
# 划分为学习和测试两部分
x_train, x_test, y_train, y_test = train_test_split(
    x, y, train_size=0.8)

# 增强学习数据部分 --- (*1)
x_new = []
y_new = []
for i, xi in enumerate(x_train):
    yi = y_train[i]
    for ang in range(-30, 30, 5):
        # 进行旋转 --- (*2)
```

```
                center = (16, 16)  # 旋转的中心点
                mtx = cv2.getRotationMatrix2D(center, ang, 1.0)
                xi2 = cv2.warpAffine(xi, mtx, (32, 32))
                x_new.append(xi2)
                y_new.append(yi)
                # 再进行左右翻转 --- (*3)
                xi3 = cv2.flip(xi2, 1)
                x_new.append(xi3)
                y_new.append(yi)

# 使用数据增强后的图像替换原有数据
print('数据增强前=', len(y_train))
x_train = np.array(x_new)
y_train = np.array(y_new)
print('数据增强后=', len(y_train))

# 获取CNN模型
model = cnn_model.get_model(in_shape, nb_classes)

# 进行学习
hist = model.fit(x_train, y_train,
          batch_size=64,
          epochs=20,
          verbose=1,
          validation_data=(x_test, y_test))
···省略···
plt.show()

model.save_weights('./image/photos-model.hdf5')
```

　　执行程序后，原本用于学习的数据从300项数据中划分出来的八成，仅有240项。但是经过旋转翻转的数据增强之后，数据瞬间增加到了5760项，相应的学习时间也成倍增加了。同时最终的结果也得到了改善，正确率和损失率结果如下所示。

```
正确率= 0.8500000238418579 loss= 0.76753830909729
```

　　从上面的结果中可以看到，正确率由之前的0.77（77%）提高到了0.85（85%）。正确率和损失率对应的折线图如下所示。

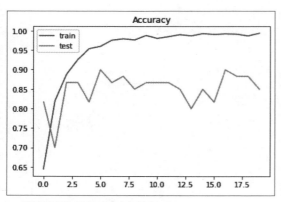

▲ 数据增强之后的正确率折线图

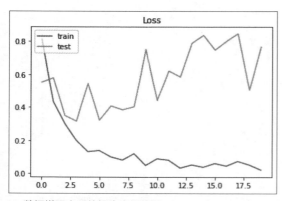

▲ 数据增强之后的损失率折线图

下面简单梳理一下前文的程序。注释（*1）以下的部分，用于取出划分的学习数据，从-30度到30度，每隔5度进行一次旋转后完成数据增强。注释（*2）处，使用OpenCV实际进行旋转操作。注释（*3）处，进行左右翻转。

尝试使用新照片进行测试

下面开始制作本节最终目标的程序，指定图像之后辨识照片并显示其卡路里含量。以下是卡路里数值表。

扫码看视频

▼ 卡路里对应表

食物	卡路里
寿司	588kcal
沙拉	118kcal
麻婆豆腐	648kcal

这里我们需要准备两张测试图片，如下所示。

▲ 测试用的寿司照片

▲ 测试用的沙拉照片

下面是对新照片测试的程序。

▼ my_photo.py

```python
import cnn_model
import keras
import matplotlib.pyplot as plt
import numpy as np
from PIL import Image
import matplotlib.pyplot as plt

target_image = "test-sushi.jpg"

im_rows = 32 # 图像纵向像素数
im_cols = 32 # 图像横向像素数
im_color = 3 # 图像的颜色空间
in_shape = (im_rows, im_cols, im_color)
nb_classes = 3

LABELS = ["寿司", "沙拉", "麻婆豆腐"]
CALORIES = [588, 118, 648]
```

303

```
# 读取已保存的CNN模型
model = cnn_model.get_model(in_shape, nb_classes)
model.load_weights('./image/photos-model.hdf5')

def check_photo(path):
    # 读取图像
    img = Image.open(path)
    img = img.convert("RGB") # 颜色空间转换为RGB
    img = img.resize((im_cols, im_rows)) # 调整尺寸
    plt.imshow(img)
    plt.show()
    # 数据变换
    x = np.asarray(img)
    x = x.reshape(-1, im_rows, im_cols, im_color)
x = x / 255

    # 预测
    pre = model.predict([x])[0]
    idx = pre.argmax()
    per = int(pre[idx] * 100)
return (idx, per)
def check_photo_str(path):
    idx, per = check_photo(path)
    # 展示结果
    print("照片中的是", LABELS[idx], "卡路里约", CALORIES[idx],"kcal")
    print("可能性为", per, "%")

if __name__ == '__main__':
    check_photo_str('test-sushi.jpg')
    check_photo_str('test-salad.jpg')
```

执行程序后，结果如下所示。

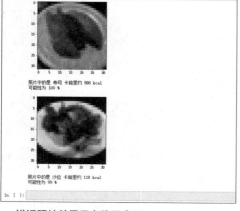

▲ 辨识照片并显示卡路里含量

从上面输出的结果来看，已经正确判断出寿司和沙拉，并显示出了对应的卡路里。

改良提示

本节制作的程序利用CNN模型，对寿司、沙拉以及麻婆豆腐三种食物的照片进行了辨识。如果能够学到更多的菜谱，就可以作为具有泛用性的实用程序进行推广。当然，在那之前还需要先收集大量的食物照片。

实际上就算完全按照本节的内容下载照片，也会有读者无法获得理想的成果，而造成这种情况的最大原因，是由学习时所使用的照片数据造成的。毫无疑问，机器学习中最困难的部分就在于制作数据集。即使与本节的情况不同，并非从零开始搜集照片，已经有业务数据可以使用的情况下，也依然存在很多问题，例如该如何进行学习，或是如何能够对业务有所帮助等。

总　结

→ 在开始学习训练程序之前，需要从网络上下载大量的图片。

→ 进行图像辨识时，重点在于如何制作正确的图像数据集。

→ 无法提升图像识别的精确度时，考虑对数据集进行优化。

→ 使用图像数据增强技术，即使只有少量图像，相对来说也能改善精确度。

附录

使用本书所需环境

Python与机器学习所需环境

以下是阅读本书时必须安装的软件：

● **Anaconda（Python运行环境）**
● **OpenCV（图像、视频处理库）**
● **jieba（中文语素分析库）**
● **Gensim（自然语言处理库）**
● **TensorFlow/Keras（深度学习库）**

这些软件均支持多平台运行，本书中的程序无论是Windows、macOS或Linux基本上都能够运行。因此，本书附录将分为Windows、macOS、Docker三部分，依次介绍各OS中开发环境的搭建步骤。

另外，因为软件存在版本升级的可能性，从而导致安装方法变更或是无法正常运行等情况出现，还请多加注意。

如果无论如何都无法正常运行时，请使用虚拟环境Docker，虽然性能方面会有所欠缺，但选择能够稳定运行的版本，还是可以对程序的结果进行确认。

若是安装方法发生了很大的变动，请访问下方链接中的网站进行报告。

[URL]
https://www.socym.co.jp/book/1164

搭建Windows开发环境

首先介绍在Windows中如何搭建环境的方法。

安装Anaconda

包括Python本体在内，内含各类机器学习所需库的一体式安装包，正是Anaconda。
Anaconda可从下方的链接处获取。

Anaconda > Download
[URL] https://www.anaconda.com/download/

▲ Anaconda下载页

对于各类平台，Anaconda都准备了相应的安装包，对于Windows系统来说，有"Python 3.x版本"与"Python 2.7版本"两种选择（3.x为最新的版本号）。

本书是面向最新的Python 3.x而编写的，请选择"Python 3.x 版本"，并下载。

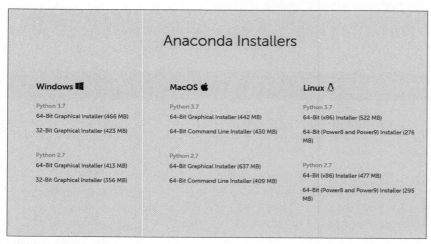

▲ 选择Python 3.x

安装程序下载完成后，请双击进行安装。Anaconda网站会不断更新变化，请根据不同的系统选择对应的版本即可。

▲ Anaconda的安装程序

基本上，只需要按照安装程序的提示，一直单击Next按钮即可完成安装。唯一需要注意的地方如下图所示，这是设置环境变量PATH相关的询问。虽然保持默认不选择的情况下，也能够顺利完成安装，但是如果需要在Windows的命令提示符或PowerShell中使用Python，那么请将两处勾选上之后，再单击Install按钮。

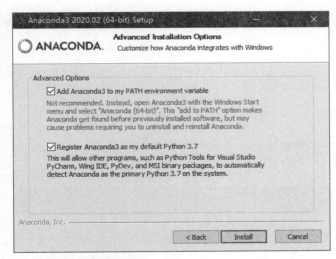

▲ 与PATH设置相关的窗口

安装OpenCV

接下来安装用于处理图像与视频的库OpenCV。本书主要是在第3章中，大量运用了图像处理库OpenCV，具体安装步骤如下所示。

从Windows菜单的所有应用中，依次选择Anaconda3→Anaconda Prompt，启动Anaconda Prompt，输入以下指令之后按Enter键。

```
> pip install opencv-python
```

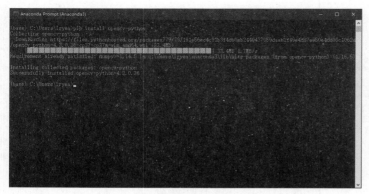

▲ 在Anaconda Prompt中输入指令安装OpenCV

安装TensorFlow与Keras

下面进行TensorFlow的安装。虽然Keras与TensorFlow已经被捆绑到了一起，但为了便于使用，依然分开作为单独的包进行安装。与安装OpenCV时相同，首先启动Anaconda Prompt，之后输入以下指令进行安装。

```
> pip install --upgrade tensorflow
> pip install --upgrade keras
```

在笔者编写原稿时，运行Windows版的TensorFlow必须要有64位的系统支持。

搭建macOS开发环境

在搭建macOS的环境时，会使用软件包管理工具Homebrew来安装各类包，因此首先需要安装Homebrew。

 导入Homebrew

单击macOS桌面右上角的放大镜图标启动Spotlight（聚焦），输入"终端.app"启动终端。

终端上显示$的时候为输入状态，请在$之后输入以下指令。另外，该指令可在Homebrew主页中找到（https://brew.sh）（译注：该网站已支持简体中文，可在页面标题下方的下拉菜单中选择，或直接访问https://brew.sh/index_zh-cn）。

```
$ /usr/bin/ruby -e "$(curl -fsSL https://raw.githubusercontent.com/
Homebrew/install/master/install)"
```

输入指令之后按Enter键，指令才会开始执行。（译注：官网上提供的指令已有所变化，建议读者在使用时以官方提供的指令为准）

▲ 终端中安装Homebrew

另外，在使用Homebrew时，需要有XCode的Command Line Tools支持，在安装Homebrew时依照提示操作，通常会自动完成该工具的安装。如果未能正常安装该工具时，使用以下指令安装Command Line Tools，但需要花费一定时间。

```
$ xcode-select --install
```

通过pyenv安装Python

pyenv是简单好用的Python环境管理工具。通过Homebrew安装好pyenv之后就可以轻松构建环境，在终端中键入以下指令安装pyenv。

```
# 使用Homebrew安装pyenv
$ brew update
$ brew install pyenv
$ brew install pyenv-virtualenv
```

下面将pyenv录入系统。

```
# 将pyenv录入系统
$ echo 'eval "$(pyenv init -)"' >> ~/.bash_profile
$ source ~/.bash_profile
```

pyenv安装完成后，可以通过pyenv查看能够安装的Python版本列表。

```
$ pyenv install --list
```

执行之后将会列出众多Python包，这里选择一体式安装包Anaconda，安装anaconda3-5.0.0。

```
$ pyenv install anaconda3-5.0.0
```

为了能够使用刚安装好的Python，需要执行以下指令。

```
$ pyenv global anaconda3-5.0.0
```

至此，Python 3.6相关的各种库已可以使用，但也有一部分库仅对应Python 3.5，所以还需要搭建Python 3.5的环境。

```
# 搭建Python 3.5的环境
$ conda create -n py35 python=3.5
# 切换Python环境
$ pyenv global anaconda3-5.0.0/envs/py35
$ source activate py35
```

安装OpenCV

接下来安装OpenCV，执行以下指令。

```
$ pip install opencv-python
```

安装TensorFlow与Keras

安装TensorFlow与Keras，执行以下指令即可。虽然Keras与TensorFlow是相互捆绑的，但为了便于使用，将作为单独的包分别进行安装。

```
$ pip install --upgrade tensorflow==1.5.0
$ pip install --upgrade keras==2.1.4
```

搭建Docker开发环境

使用Docker能够在各类OS上轻松搭建开发环境。本书将会在Docker中构建Ubuntu，然后在Ubuntu上安装Anaconda等各类库。

在安装好Docker之后，只需要输入几个简单的指令即可，非常轻松。

安装Docker本体

Docker的安装程序简单易用，只需要按照提示操作就可以完成Docker的设置。

以下的页面虽然是英文的，但是只要单击Get Docker for Windows/macOS (Stable)按键，即可下载安装程序。若有变动，请以改版为准。

· Windows
【URL】
https://docs.docker.com/docker-for-windows/install/

· macOS
【URL】https://docs.docker.com/docker-for-mac/install/

Linux系统可以使用命令提示符进行安装，详细内容参见以下URL。

```
Install Docker
```

```
https://docs.docker.com/engine/installlation/
```

构建Docker镜像

本书的示例程序中提供了Dockerfile。请从以下的网页中下载源码。

```
https://github.com/kujirahand/book-mlearn-gyomu
```

解压缩ZIP文件之后，即可找到制作Docker镜像用的Dockerfile，将该文件夹作为当前路径。
cd （解压缩之后的路径）/src

Windows使用PowerShell，macOS则启动终端，输入以下指令。该指令将会构建Docker的镜像，需要消耗一定的时间。

```
docker build -t book-mlearn-image .
```

完成之后，运行刚才构建好的镜像。执行以下指令，将会以刚刚新建的镜像为基础启动容器。

```
docker run -it -p 8888:8888 -v `pwd`:/src book-mlearn-image
```

要终止运行中的容器时，只需要键入exit即可。

重新启动容器

启动容器从第2次开始就需要按照以下步骤进行。首先，需要查询之前终止容器的ID。

```
docker ps -a
```

曾经终止过的容器列表将会以以下格式展示出来，这里需要注意的是容器ID（CONTAINER ID）。

```
CONTAINER ID          IMAGE                 COMMAND               CREATED
STATUS                PORTS                 NAMES
f75d9048d7b7          book-mlearn-image     "/bin/bash"           4 weeks ago
Exited (0) 5 seconds ago                    determined_swirles
```

然后以"docker start(容器ID)"的格式启动指定容器。以下指令启动的是ID为f75d9048d7b7的容器，在实际操作时，请将其替换为docker ps -a所列出的容器ID。

```
docker start f75d9048d7b7
```

接着使用"docker attach (容器ID)"指令，进入刚才启动的Docker容器中。

```
docker attach f75d9048d7b7
```

至此，就能够再次对曾终止过的容器进行操作。

在Docker中运行Jupyter Notebook

本书中会使用Jupyter Notebook执行程序，在需要启动Jupyter Notebook时，执行以下指令即可。

```
jupyter notebook --no-browser --ip=0.0.0.0 --allow-root
```

执行指令之后，将会在Docker内启动Jupyter Notebook，并显示访问URL。在Host OS（启动Docker的OS）的Web浏览器中访问该URL，就能够操作Docker内的Jupyter Notebook。

 ## Docker常用命令

以下内容为使用Docker时常用的指令。

```
# --- 创建容器 ---
docker run -it

# --- 终止容器 ---
# 在容器内关闭并退出的方法
exit

# 从容器中使用control + P、Q退出之后终止的方法
docker stop <容器ID>

# 查看已启动的容器列表（可确认容器ID）
docker ps

# 查看曾经启动过的容器列表（可确认容器ID）
docker ps -a

# 查看已安装完毕的镜像列表
docker images

# --- 容器的重启与进入---
# 启动容器
docker start <容器ID>

# 进入（登陆）已启动容器
docker attach <容器ID>
```